Diese Mitteilungen setzen eine von Erich Regener begründete Reihe fort, deren Hefte am Ende dieser Arbeit genannt sind.

Bis Heft 19 wurden die Mitteilungen herausgegeben von J. Bartels und W. Dieminger. Von Heft 20 an zeichnen W. Dieminger, A. Ehmert und G. Pfotzer als Herausgeber.

Das Max-Planck-Institut für Aeronomie vereinigt zwei Institute, das Institut für Stratosphärenphysik und das Institut für Ionosphärenphysik.

Ein (S) oder (I) beim Titel deutet an, aus welchem Institut die Arbeit stammt.

Anschrift der beiden Institute:

3411 Lindau

DIE AMPLITUDENREGISTRIERUNGEN

DES SATELLITEN EXPLORER 22,

UNTER BESONDERER BERÜCKSICHTIGUNG

DER EFFEKTE, DIE BEI ELEVATIONSWINKELN

KLEINER ALS 45° AUFTRETEN

von

GERD HARTMANN

ISBN 978-3-540-03931-0   ISBN 978-3-642-48009-6 (eBook)
DOI 10.1007/978-3-642-48009-6

Inhaltsverzeichnis

		Seite
I.	Einleitung	5
II.	Meßgeräte	5
	1. Meßobjekt	5
	2. Meßanordnung	6
III.	Theoretische Grundlagen für die Amplitudenbeobachtungen	9
	1. Richteigenschaften eines Elementarstrahlers im freien Raum sowie eines $\lambda/2$-Horizontaldipols über einer unendlich gut leitenden Erdoberfläche	9
	2. Die Empfangsleistung P_2 und die Störleistung P_{ST}	11
	3. Der Einfluß einer endlich leitenden Erdoberfläche	14
	4. Die Sendeantennen des Satelliten S-66	19
	5. Die Empfangsantennen	20
	6. Berechnung des Wertes von $\cos\beta$ unter den allgemeinsten Voraussetzungen	23
	7. Die berechnete Leerlaufspannung U_e an den Klemmen der Empfangsantenne	32
IV.	Auswertungen	33
	1. Horizontalgradienten in der Ionosphäre und ihre Messung mit Hilfe des Faraday-Effektes der Ionosphäre	33
	2. Satellitenszintillationen	43
	3. Amplitudeneffekte	47
	4. Beugungsphänomene ("Auf- und Untergangseffekte")	50
V.	Literatur	57
VI.	Anhang	59
	1. Diskussion der nach Kapitel III.7 berechneten Kurven $U_{en}(t)$	59
	2. Schlußbemerkung	61
	3. Bilder der 8 Kurven $U_{en}(t)$	63
	Summary, Zusammenfassung	67

I. Einleitung

10 Jahre nach dem Start des ersten künstlichen Erdsatelliten soll der Versuch unternommen werden, mit Hilfe von knapp 3000 ausgewerteten Amplitudenregistrierungen des Satelliten Explorer 22 den physikalischen Aussagewert solcher Registrierungen aufzuzeigen. Von November 1964 bis November 1966 wurde pro Tag im Mittel bei 4 Durchgängen des Satelliten registriert.

Bisher wurden häufig die speziellen Eigenarten der Meßgeräte bzw. Meßobjekte außer acht gelassen und die Meßwerte so behandelt, als seien sie auf herkömmliche Weise, z.B. mit Ionosonden, entstanden. Es zeigt sich aber, daß diese Art der Auswertung nur selten Erfolge bringt. Trägt man dagegen den Gegebenheiten der Satelliten Rechnung, dann kann man z.B. auf Grund der Bewegung des Satelliten Effekte wie die "Auf- und Untergangseffekte" entdecken, die man mit stationären Meßmethoden nicht messen kann.

Während man die mit den Ionosonden gemessenen Meßwerte leicht statistisch verarbeiten kann, ist dies vor allen Dingen bei den sogenannten "passiven Satellitenmessungen" relativ schlecht möglich, da die Satellitenbahngeometrie, die Tageszeit und die Jahreszeit die Meßwerte stark beeinflussen.

Hat man außer diesen Amplitudenregistrierungen keine weiteren Meßdaten zur Verfügung, so kann man - abgesehen von der Bestimmung der "Elektronenkonzentration" $\int Ndh$ - mit den Ergebnissen der anderen Auswertemethoden kaum mehr als Phänomenologie betreiben. Das reicht allerdings schon aus, um nachzuweisen, daß die in der Satellitengeodäsie und Satellitenortung verwendeten Atmosphären- und Ionosphärenmodelle öfters unzutreffend sind.

In Verbindung mit anderen Meßdaten und durch Verwendung von Meßwerten anderer Beobachtungsstationen, z.B. Daten von meteorologischen Radiosonden, ist es möglich, für einen Teil der beobachteten Effekte plausible Hypothesen zu finden.

II. Meßgeräte

1. Meßobjekt

Als Meßobjekt für die Amplitudenregistrierungen diente der amerikanische "Polar-Beacon-Ionosphere-Satellite, S-66", der am 10.10.1964 unter dem Code-Namen Explorer 22 erfolgreich gestartet wurde. Seine Bahnneigung - Inklination - beträgt 79,73°, seine Umlaufszeit 104,8 Minuten. Das Apogäum liegt bei 1081 km und das Perigäum bei 888 km. Dieser Satellit befindet sich auch gegenwärtig noch voll funktionsfähig auf seiner Umlaufbahn. Für die sogenannten "passiven Satellitenmessungen", zu denen auch die Amplitudenregistrierungen bzw. Feldstärkemessungen gehören, strahlt der Satellit ständig vier kohärente, unmodulierte Frequenzen aus. Es handelt sich um folgende vier Frequenzen, [1]:

    a) 20,005 MHz (250 Milliwatt Leistung)
    b) 40,010 MHz (250   "   "   )
    c) 41,010 MHz (250   "   "   )
    d) 360,090 MHz (100   "   "   )

Alle Frequenzen werden von einem ultrastabilen Quarzoszillator erzeugt, der auf genau 1,00025 MHz schwingt. Folgende Toleranzen werden für alle Frequenzen angegeben.

Amplitudenstabilität: Schwankungen kleiner als 2 dB in 10 Minuten.
Frequenzgenauigkeit: ± 0,005 % des Nennwertes.
Frequenzdrift: weniger als 10^{-8} pro Tag, weniger als 10^{-9} pro Stunde.
Relative Phasenänderung von einem Signal bezogen auf irgendein anderes: weniger als ein
Radian in Perioden von zwei Sekunden bis eine Minute.
Alle vier Frequenzen werden linear polarisiert abgestrahlt.

Auf 136,170 MHz sendet der Satellit im Rahmen der sogenannten "aktiven Satellitenmessungen" Telemetriesignale, die z.B. Informationen über das Erdmagnetfeld und die lokale Elektronenkonzentration am Ort des Satelliten enthalten. Ferner sind in den Satelliten noch zwei "tracking-beacons" installiert, d.h. zwei kohärente Sender, die auf 162 MHz und 324 MHz arbeiten, um mit Hilfe des "Transitverfahrens" die Bahnbestimmung des Satelliten durchführen zu können.

Die Antennen für die obengenannten vier Frequenzen sind Peitschenantennen (whip-antenna), die elektrisch $\lambda/4$ lang sind. Alle Antennen des Satelliten sind parallel zueinander angeordnet. Ein in den Satelliten eingebauter Dipolmagnet hält während der Umläufe die Symmetrieachse des Satelliten ständig auf etwa 2° parallel zur Richtung des lokalen Erdmagnetfeldes. Die Sendeantennen befinden sich alle in einer Ebene, auf der die Symmetrieachse senkrecht steht. Wir nennen diese Ebene die Satellitenantennenebene. Durch eine Spinstabilisierung ist die Eigendrehung des Satelliten um seine Symmetrieachse kleiner als 0,02 Umdrehungen pro Minute.

2. Meßanordnung

Für die Amplitudenregistrierungen, die hauptsächlich auf 20 MHz, 40 MHz und 41 MHz durchgeführt wurden, stand in der Bodenstation folgende Meßanordnung - Bild 1 - zur Verfügung:

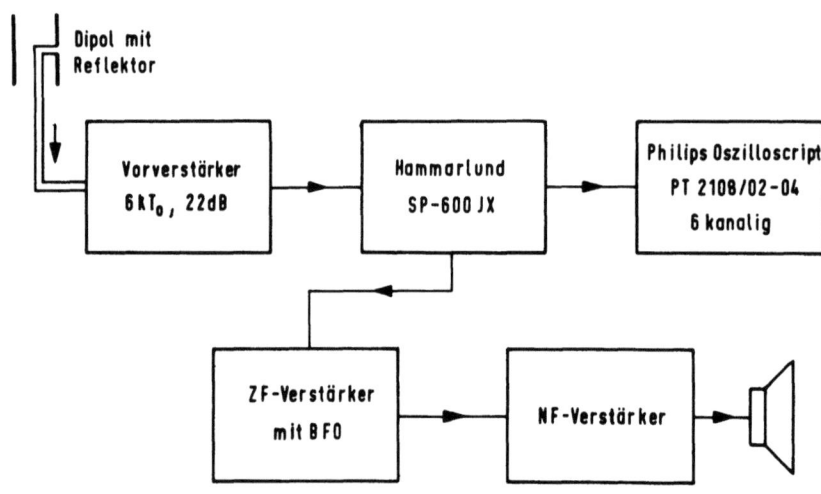

Blockschaltbild für Registrierung des Faraday-Effektes der Ionosphäre

Bild 1: Meßanordnung

Als Antennen wurden einfache $\lambda/2$ Dipole mit Reflektor benutzt. Der Abstand Dipol - Reflektor betrug $\lambda/4$. Der Abstand Reflektor - Erdboden war kleiner als 30 cm. Die Dipolachsen standen - parallel zur Erdoberfläche - in West-Ost-Richtung. Der Abstand der Antennen voneinander und von der Meßstation war größer als 5λ, damit die Strahlungsdiagramme der Antennen möglichst wenig von Sekundärstrahlern beeinflußt wurden. Die Anlage war in erster Linie für die Registrierung des Faraday-Effektes der Ionosphäre geplant, also für eine ganz spezielle Form der Amplitudenregistrierung. Es zeigte sich jedoch, daß sie auch für allgemeinere Amplitudenuntersuchungen recht brauchbar war.

Auf 20 MHz wurde kein Vorverstärker benutzt, da die Grenzempfindlichkeit der Hammarlund-Empfänger (zwischen 8 - 12 kT_o) noch soviel unter der äquivalenten Rauschtemperatur T_A der Antenne lag, daß ein rauschärmerer Vorverstärker keine weitere Verbesserung des Verhältnisses Nutzsignal/Störsignal bringen konnte.

Die 40 MHz-Antenne war so breitbandig geplant und gebaut worden, daß sie noch gleichzeitig das 41 MHz-Signal des Satelliten empfangen konnte. Das 40- und 41 MHz-Signal wurden gemeinsam einem breitbandigen Vorverstärker - Grenzempfindlichkeit 6 kT_o und 22 dB Verstärkung - zugeführt und dann entkoppelt in die auf 40 bzw. 41 MHz abgestimmten Hammarlund-Empfänger eingespeist. Diese Hammarlund-Empfänger des Typs SP-600 JX waren quarzgesteuert und arbeiteten mit einer Bandbreite von 3 kHz auf 20 MHz und 8 kHz auf 40 und 41 MHz, damit auch bei automatischem Registrierbetrieb immer gewährleistet werden konnte, daß die Doppler-Verschiebung der Signale keine zusätzliche Amplitudenvariation bewirkte. Bei unserem speziellen Satelliten liegen die Maximalwerte der Dopplerverschiebung auf 20 MHz bei 1,5 kHz und auf 40 und 41 MHz bei 3 kHz. In relativ kurzen Zeitabständen wurden die Bandfilterkurven der Empfänger kontrolliert, damit die Registrierungen immer unter gleichen Voraussetzungen entstanden. Die demodulierte Zwischenfrequenz des Empfängers wurde direkt in den Schreiber eingespeist. Der Papiervorschub des Schreibers betrug 2 mm/sec. Ein teilweise parallelgeschalteter Übersichtsschreiber arbeitete mit 15 mm/min. Der im Blockschaltbild zusätzlich eingezeichnete ZF-Verstärker mit BFO und der NF-Verstärker dienten nur zur Hörbarkeitskontrolle des Satellitensignals.

Die Nutzsignalspannung am Eingang des Vorverstärkers schwankte zwischen 0,1 µV und 2,5 µV. Die gesamte Amplitudendynamik lag knapp unter 30 dB. Die verwendeten Schreiber waren nicht in der Lage, diese Dynamik auf ihrer Schreibbreite linear wiederzugeben. Da man in vielen Fällen gerade an einer linearen Aufzeichnung von kleinen Amplitudenwerten interessiert ist, wurde der Schreiber mit dem schnellen Papiervorschub so eingestellt, daß er die ersten 15 dB der Amplitudenregistrierung linear wiedergab. Das hatte aber zur Folge, daß er oberhalb von 20 dB nicht mehr registrierte, da er dort "begrenzte". Bei dem langsam laufenden Übersichtsschreiber kam es nur auf den Gesamtverlauf der Amplitudenregistrierung an. Er wurde so eingestellt, daß er die 30 dB Amplitudendynamik ohne Begrenzungserscheinungen verarbeiten konnte. Bild 2 und 3 zeigen nun je eine Amplitudenregistrierung des schnell und langsam laufenden Schreibers.

Die scharf ausgeprägten Spitzen stellen die durch den Faraday-Effekt und die Satellitenbewegung verursachten Minima dar. Die Maxima sind wegen der "Begrenzung" des Schreibers nicht zu sehen. Auf Kanal 1 sind die Zeitmarken aufgeschrieben (Sekunden). Auf Kanal 2 und 3 sind die Satellitensignale mit verschiedenen und unterschiedlich orientierten Antennen aufgezeichnet worden, um "Antenneneffekte" zu bestimmen. Auf den Kanälen 4, 5 und 6 sind die Satellitensignale mit West-Ost orientierten $\lambda/2$-Dipolen aufgezeichnet worden. Diese 3 Kanäle wurden immer unverändert gelassen und zur Auswertung des Faraday-Effektes benutzt.

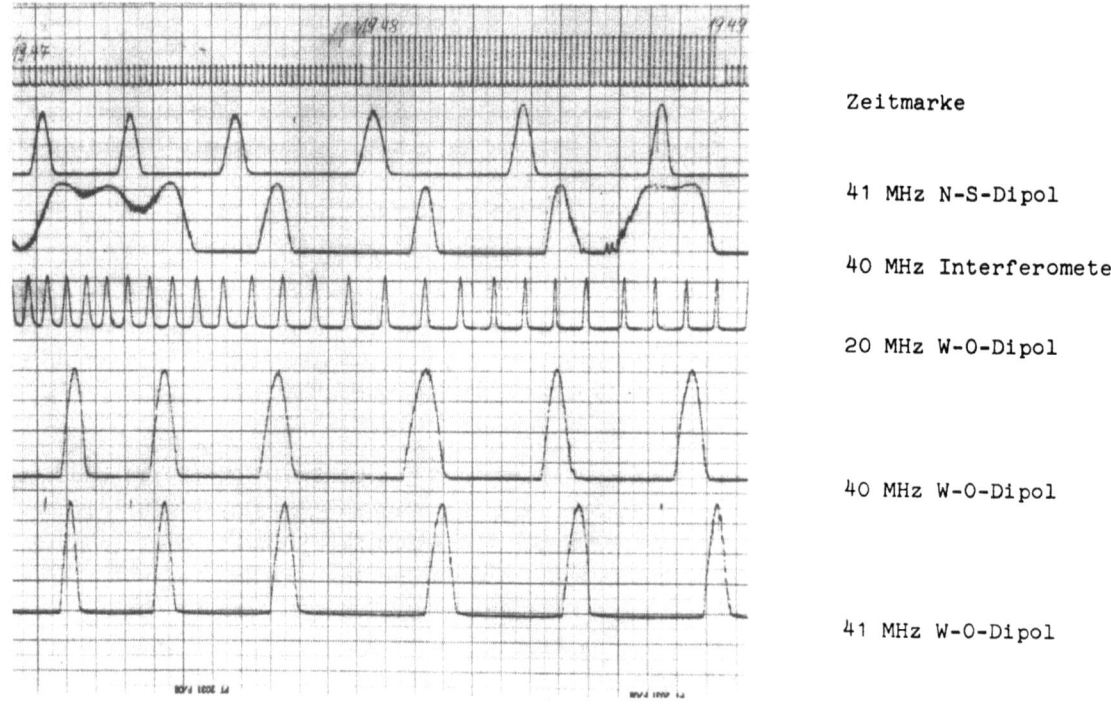

Bild 2: Faraday-Effekt des Ionosphärensatelliten S-66. 6.7.1965 Umlauf Nr. 3705. (Die Feldstärke nimmt nach unten zu)

Bild 3 zeigt den Gesamtfeldstärkeverlauf einer Registrierung des Ionosphärensatelliten S-66 (22.3.1966, Umlauf Nr. 7262). Es ist gut zu sehen, wie sich die "Faradaymaxima" bzw. die "Faradayminima" von der Amplitudenhüllkurve unterscheiden. Von Minimum zu Minimum ist genau eine Fadingperiode Fp.

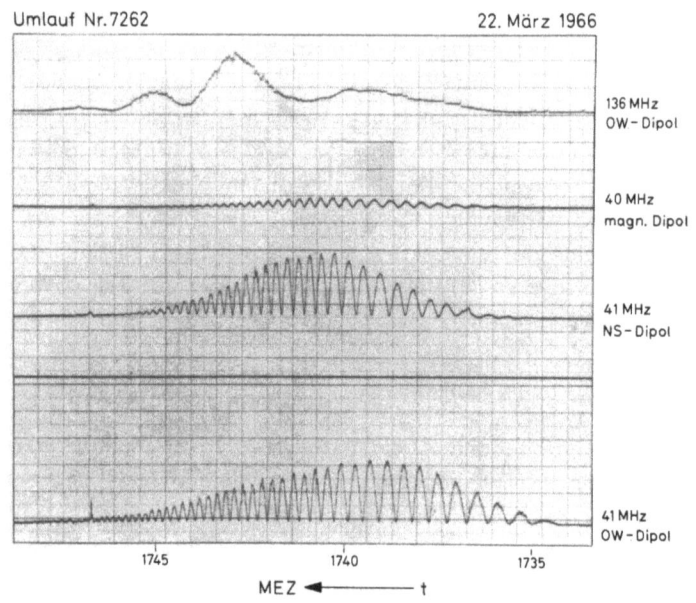

Auf dem oberen Kanal sieht man, daß auch auf der Telemetriefrequenz von 136 MHz der Faraday-Effekt noch zu messen ist. Auf dem 2. Kanal wurde die Feldstärke mit einem "magnetischen Dipol" empfangen. Kanal 3 und 4 unterscheiden sich nur dadurch, daß einmal ein Dipol verwendet wurde, dessen Längsachse in Nord-Süd-Richtung stand, das andere Mal einer in Richtung West-Ost. Man sieht deutlich die unterschiedlichen Charakteristiken der beiden $\lambda/2$-Dipole.

Bild 3: Faraday-Effekt des Ionosphärensatelliten S-66. (Die Feldstärke nimmt nach oben zu)

In einem späteren Kapitel (III.6.) wird gezeigt werden, daß die auf den Bildern 2 und 3 als Faraday-Fadingperioden Fp bezeichneten Amplitudenschwankungen nur unter ganz bestimmten Voraussetzungen mit den durch den Faraday-Effekt der Ionosphäre verursachten Schwankungen identisch sind. Wegen der Bewegung des Satelliten gilt dies im allgemeinen nur näherungsweise.

III. Theoretische Grundlagen für die Amplitudenbeobachtungen

Die Feldstärke eines Satellitensenders, die man am Beobachtungsort B auf der Erdoberfläche mißt, ist von mehreren Parametern abhängig. Will man feststellen, ob man relative Amplitudenschwankungen bis zu Werten von etwa 3 dB oder sogar noch kleiner physikalisch interpretieren kann, dann muß man zunächst den Einfluß der verschiedenen Parameter recht genau untersuchen. Es wird hauptsächlich darauf ankommen, den Gültigkeitsbereich einiger bekannter Formeln genau aufzuzeigen und die Formeln gegebenenfalls zu verallgemeinern.

1. Richteigenschaften eines Elementarstrahlers im freien Raum sowie eines $\lambda/2$ Horizontaldipols über einer unendlich gut leitenden Erdoberfläche

Die elektrische Feldstärke der von einem Elementarstrahler der Länge Δl - $\Delta l \ll \lambda$ - erzeugten Welle im Abstand $r \gg \lambda$ kann wie folgt berechnet werden:

$$E_{eff(H,D)} = \frac{60\pi J \cdot \Delta l}{\lambda r} \sin \vartheta_o \qquad (III.1)$$

Δl, λ und r in [m]
λ: Wellenlänge [m], ϑ_o: Aufpunktswinkel zum Beobachtungsort B.
J : Stromstärke im Strahler (Effektivwert in Ampere).

E_{eff} bedeutet den Effektivwert der Feldstärke. Es ist der Mittelwert des Poyntingvektors S über eine ganze Schwingung. Im Falle ebener Wellen gilt $E_{eff} = E_o/\sqrt{2}$, wobei E_o der Scheitelwert der Feldstärke ist. Die Gleichung (III.1) gilt für den freien Raum. Der Faktor $\sin \vartheta_o$ kennzeichnet die Richteigenschaften des Strahlers. Die Richtcharakteristik oder Feldstärkecharakteristik ist definiert durch

$$C_R = \frac{E_{eff}(\vartheta_o)}{E_{eff\,max}} \qquad (III.2)$$

$E_{eff\,max}$ ist die maximal mögliche Feldstärke im Abstand r.
Für den Elementarstrahler erhält man $C_R = \sin \vartheta_o$.
Für einen $\lambda/2$-Dipol mit sinusförmiger Stromverteilung erhält man

$$C_{R,\,\lambda/2} = \frac{\cos(\pi/2 \cdot \cos \vartheta_o)}{\sin \vartheta_o} \qquad (III.3)$$

Um nun das vollständige Horizontal- oder Vertikaldiagramm eines Strahlers explizit hinschreiben zu können, müssen wir den Aufpunktswinkel ϑ_o durch uns bekannte Größen wie Azimutwinkel ϱ und Elevationswinkel El ausdrücken. Liegt die Antennenachse nicht in der

Horizontebene, sondern ist sie um den Winkel El_{Ant} dagegen geneigt, dann erhält man aus dem sphärischen Dreieck - Bild 4 - für den Aufpunktswinkel ϑ_0 folgende Beziehung:

$$\cos \vartheta_0 = \sin El \cdot \sin El_{Ant} + \cos El_{Ant} \cdot |\cos \Delta \rho| \qquad (III.4)$$

El ist der Elevationswinkel der Wellennormalen n. $0 \leq El \leq 90°$.
$\Delta \rho$ ist die Azimutwinkeldifferenz zwischen dem Azimutwinkel A_{ZBA} der Antenne und dem Azimut ρ der Wellennormalen.

$$\Delta \rho = A_{ZBA} - \rho \qquad (III.5)$$

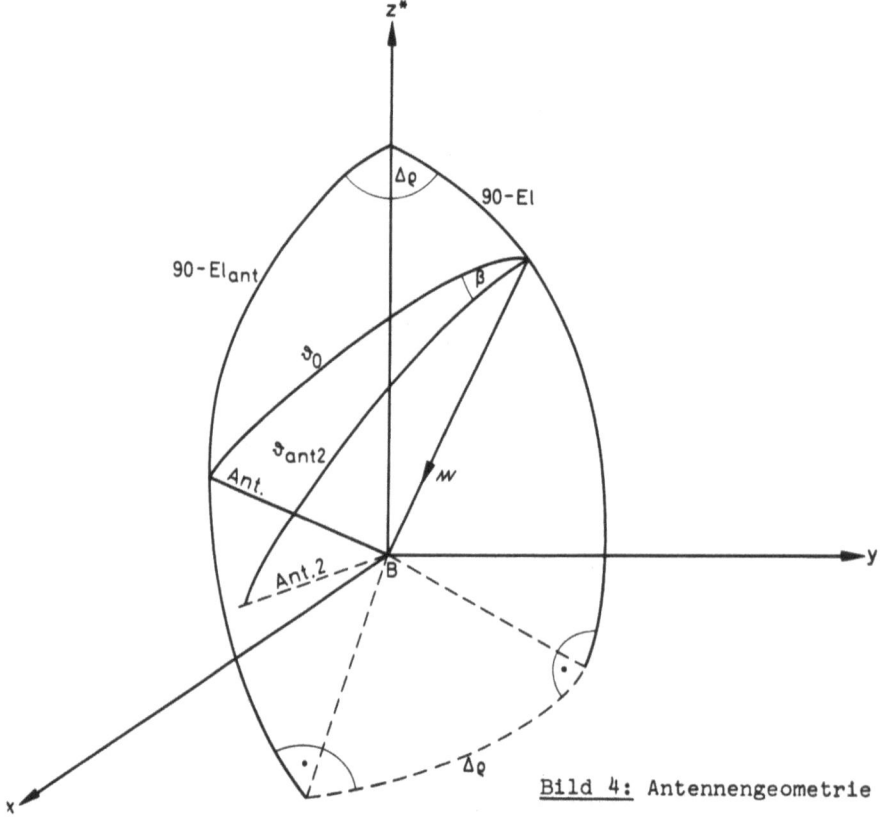

Bild 4: Antennengeometrie

Das Azimut ρ bzw. A_{ZBA} wird von Süden über Westen von $0° - 360°$ gezählt. Die Formeln (III.4) und (III.5) gelten für alle Winkel ρ und A_{ZBA} zwischen $0°$ und $360°$. Für eine Horizontalantenne ist $El_{Ant} = 0$, für eine Vertikalantenne $El_{Ant} = 90°$. Aus Gleichung (III.3) und (III.4) erhält man für einen symmetrischen $\lambda/2$-Horizontaldipol im freien Raum

$$C'_{R, \lambda/2} = \frac{\cos(\pi/2 \cdot \cos El \cdot |\cos \Delta \rho|)}{(1 - \cos^2 El \cdot \cos^2 \Delta \rho)^{1/2}} \qquad (III.3\,a)$$

Steht dieser $\lambda/2$-Horizontaldipol über einer ideal leitenden Erdoberfläche in der elektrischen Höhe $h_e = 2\pi \frac{h}{\lambda}$ (h geometrische Höhe über der Erdoberfläche), dann kann man das resultierende Richtdiagramm durch Spiegelung des Dipols an der Erdoberfläche erhalten. Man berechnet dann stattdessen das Gruppendiagramm zweier symmetrischer Horizontaldipole im Abstand 2h im freien Raum.

Man erhält - siehe [2] -:

$$C_{R,\lambda/2}^{''} = \frac{\cos(\pi/2 \cdot \cos El |\cos \Delta\rho|)}{(1 - \cos^2 El \cdot \cos^2 \Delta\rho)^{1/2}} \cdot 2 \cdot \sin(\frac{2\pi h}{\lambda} \cdot \sin El) \qquad (III.3\ b)$$

Da unsere Dipole im Abstand $h = \lambda/4$ über der Erdoberfläche stehen, gilt:

$$C_{R,\lambda/2}^{'''} = \frac{\cos(\pi/2 \cdot \cos El |\cos \Delta\rho|)}{(1 - \cos^2 El \cdot \cos^2 \Delta\rho)^{1/2}} \cdot 2 \cdot \sin(\pi/2 \cdot \sin El) \qquad (III.3\ c)$$

Der zweite Term in dem Produkt der Gleichung (III.3 c) wird auch Spiegelungsfaktor Sp der Erde genannt. Er wird in dieser Form in allen Antennenbüchern angegeben, stimmt aber nur für den Fall der ideal leitenden Erdoberfläche genau, d.h. nur dann, wenn für jeden beliebigen Einfallswinkel der Wellennormalen eine Phasenverschiebung von 180° zwischen einfallendem und reflektiertem Strahl besteht.

2. Die Empfangsleistung P_2 und die Störleistung P_{ST}

Ist $\mathcal{E}_o$ die elektrische Feldstärke der Welle, die sie ohne Absorption am Beobachtungsort B hätte, und $\mathcal{E}_o'$ die Feldstärke, die nach erfolgter Absorption am Beobachtungsort B gemessen wird, dann gilt:

$$\mathcal{E}_o' = A \cdot \mathcal{E}_o \qquad (III.4)$$

A ist der "Absorptionsfaktor" und steht mit dem Absorptionsvermögen A^* in folgender Beziehung:

$$A^* = \frac{\mathcal{E}_o - \mathcal{E}_o'}{\mathcal{E}_o} = 1 - \frac{\mathcal{E}_o'}{\mathcal{E}_o} = 1 - A \qquad (III.5)$$

Für die Empfangsleistung P_2 [Watt] erhält man folgende Formel:

$$P_2 = P_1 \cdot (\frac{\lambda_o}{4\pi r})^2 \cdot A^2 \cdot G_1 \cdot G_2 \cdot \cos^2\beta \qquad (III.6)$$

P_1: Sendeleistung [Watt], $\quad \lambda_o$: Vakuumwellenlänge des Senders [m]
A : "Absorptionsfaktor", $\quad$ r: Abstand Sender - Empfänger [m]
G_1: Gewinn der Sendeantenne - bezüglich eines isotropen Strahlers - in Richtung der Wellennormalen
G_2: Gewinn der Empfangsantenne ......
β : Winkel zwischen den beiden Antennenebenen der Sende- und Empfangsantenne. Eine Antennenebene ist definiert als die Ebene, die von der Antennenachse und der Wellennormalen w aufgespannt wird. Die Geometrie ist aus Bild 4 ersichtlich. Es gilt $0 \leq \cos^2\beta \leq 1$ und $0 \leq A^2 \leq 1$.

Schreiben wir den Gewinn G_R einer Richtantenne - bezüglich eines isotropen Strahlers - als Funktion des Azimutwinkels und Elevationswinkels der Wellennormalen w, dann gilt (mit Az ≡ ρ):

$$G_R(El, Az) = G \cdot \mathcal{L}_R \qquad (III.7)$$

G ist der Gewinn in Hauptstrahlrichtung. Für einen $\lambda/2$-Dipol ist G = 1,64.

III.2

$$\mathcal{L}_R = c_R^2 \tag{III.8}$$

$\mathcal{L}_R$: Leistungscharakteristik

G ist definiert als $\quad G = \dfrac{\Psi_{1s}}{\Psi_R} \tag{III.9}$

$\Psi_{1s} = 4\pi$: äquivalenter Raumwinkel des isotropen Strahlers
Ψ_R: äquivalenter Raumwinkel der Richtantenne.

Man definiert

$$\Psi_R = \int_0^{4\pi} \mathcal{L}_R(\Omega_o)\, d\Omega_o \tag{III.10}$$

Ω_o: Raumwinkel

Häufig drückt man die Gleichung (III.6) in dB- bzw. dBm-Werten aus, und ohne die Terme A^2 und $\cos^2\beta$ findet man sie dann in allen Antennenbüchern. Die beiden letztgenannten Terme werden nur sehr selten berücksichtigt.

Mit der Gleichung (III.6) kann man nun den Absolutwert P_2 der Empfangsleistung am Beobachtungsort berechnen. Bei der Planung der Meßanordnung ist es zwar sehr wichtig, diesen Wert zu kennen, er nützt aber sehr wenig, wenn man nicht noch gleichzeitig die von außen einfallende Störleistung P_{ST} in dem betreffenden Frequenzbereich kennt. Die Empfangsantenne steht ja im Strahlungsgleichgewicht mit der Umgebung und empfängt zusätzlich zu dem Nutzsignal noch die Störleistung. Außerdem muß man noch die störende Rauschleistung P_E der Empfangsapparatur kennen.

Damit ein einwandfreier Empfang der Satellitensignale möglich ist, muß gelten:

$$P_2 > P_{ST} \quad \text{und} \quad P_2 > P_E \tag{III.11}$$

Gleichung (III.6) gewinnt erst in Zusammenhang mit den Ungleichungen (III.11) einen Aussagewert.

Den Zusammenhang zwischen abgestrahlter Leistung S pro Flächeneinheit und Raumwinkeleinheit beschreibt für den Idealfall des physikalisch "schwarzen" Körpers das Plancksche Strahlungsgesetz [3]. Im Bereich der hier interessierenden relativ niedrigen Frequenzen - $f < 10^9$ Hz - gilt in einer Polarisationsrichtung für einen schwarzen Körper:

$$S = \dfrac{kT\,\Delta f}{\lambda^2} \tag{III.12}$$

$k = 1,3807 \cdot 10^{-23}$ [Wsec/°K]

λ ist die zugehörige Wellenlänge [m] und Δf die Frequenzbandbreite.

Handelt es sich nicht um einen schwarzen Körper, dann ist die Größe T in Gleichung (III.12) im allgemeinen von der physikalisch meßbaren Temperatur dieses strahlenden Körpers verschieden. T wird in diesem Fall als die "äquivalente Rauschtemperatur" bezeichnet. Die gesamte von einer verlustfreien Antenne in einer Polarisationsrichtung aufgenommene Störleistung P_A erhält man zu

$$P_A = \dfrac{k \cdot \Delta f}{4\pi} \int_0^{4\pi} T(\Omega_o) \cdot G_R(\Omega_o) \cdot d\Omega_o = k \cdot \Delta f \cdot T_A \tag{III.13}$$

G_R: Gewinn der Empfangsantenne, $\quad$ T: äquivalente Rauschtemperatur des Körpers.

Führt man statt des Raumwinkels Ω_o die Azimut- und Elevationswinkel - ρ, El - ein, dann ergibt sich die äquivalente Antennenrauschtemperatur T_A zu

$$T_A = \frac{1}{4\pi} \cdot \int_{\gamma^*=0}^{\pi} \int_{\rho=0}^{2\pi} T(\rho, El) \cdot G_R(El,\rho) \cdot \sin\gamma^* \, d\gamma^* \cdot d\rho \qquad (III.14)$$

$\gamma^* = 90 \pm$ El: Zenitabstand bzw. Polabstand auf der Kugel. Für einen Wert El gibt es zwei γ^*-Werte.

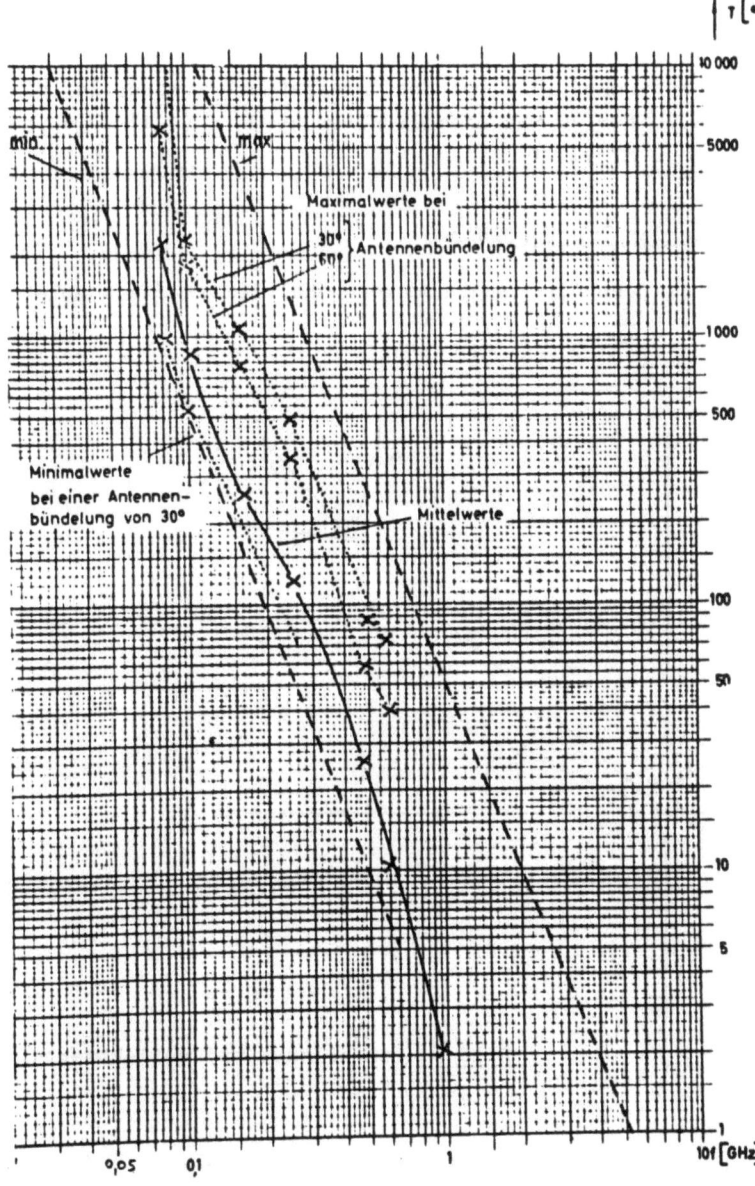

Bild 5: Mittelwert und Extremwerte der galaktischen Rauschtemperaturen bei verschiedenen Antennenbündelungen als Funktion der Frequenz [4]

$G_R(El, \rho)$ ist aber durch Gleichung (III.7) bekannt. Man sieht, daß die von der Empfangsantenne aufgenommene Störleistung P_A sehr von dem Gewinn $G_R(El, \rho)$ abhängt. Bei sehr starker Antennenbündelung machen sich diskrete Störstrahler wie die Sonne usw. stark bemerkbar, wenn die Hauptkeule der Antenne in diese Richtung schaut. Bei den von uns verwendeten $\lambda/2$-Dipolen ist die Bündelung so gering, daß sich diese Störstrahler nicht vom Hintergrund des sogenannten "kosmischen Rauschens" abheben.

Neben der eben erwähnten kosmischen Störstrahlung spielt das sogenannte "Man made Noise" eine große Rolle. Es handelt sich hier um Störstrahlung, die erst von den Menschen erzeugt wird. Neben den Funkenentladungen und den "Industriestörungen" machen sich vor allen Dingen die Funklinien stark bemerkbar. Bei den heute üblichen Sendeleistungen von vielen kW liegt die störende Rauschleistung, die die Empfangsantenne von einem Fremdsender aufnimmt - Gleichung (III.6) -, häufig weit über dem atmosphärischen und kosmischen Rauschen. Die Lage unserer Außenstation für die Satellitenbeobachtungen wurde so gewählt, daß die Störstrahlung des eben erwähnten "Man made Noise" einen Minimalwert annahm und P_{ST} in erster Linie durch das "kosmische Rauschen" bestimmt wurde.

Bei den wenigen Störleistungsmessungen, die bei uns durchgeführt wurden, lag die äquivalente Antennenrauschtemperatur für 40 MHz niemals unter $4500°$ K (≈ 15 kT_o) und für 20 MHz niemals unter $10\,000°$ K (≈ 30 kT_o).

3. Der Einfluß einer endlich leitenden Erdoberfläche

Die Maxwellschen Gleichungen liefern für einen homogenen Halbleiter die komplexe Dielektrizitätskonstante $\varepsilon_K = \varepsilon - j\frac{\sigma}{\omega}$ [5, S. 33] (III.15)

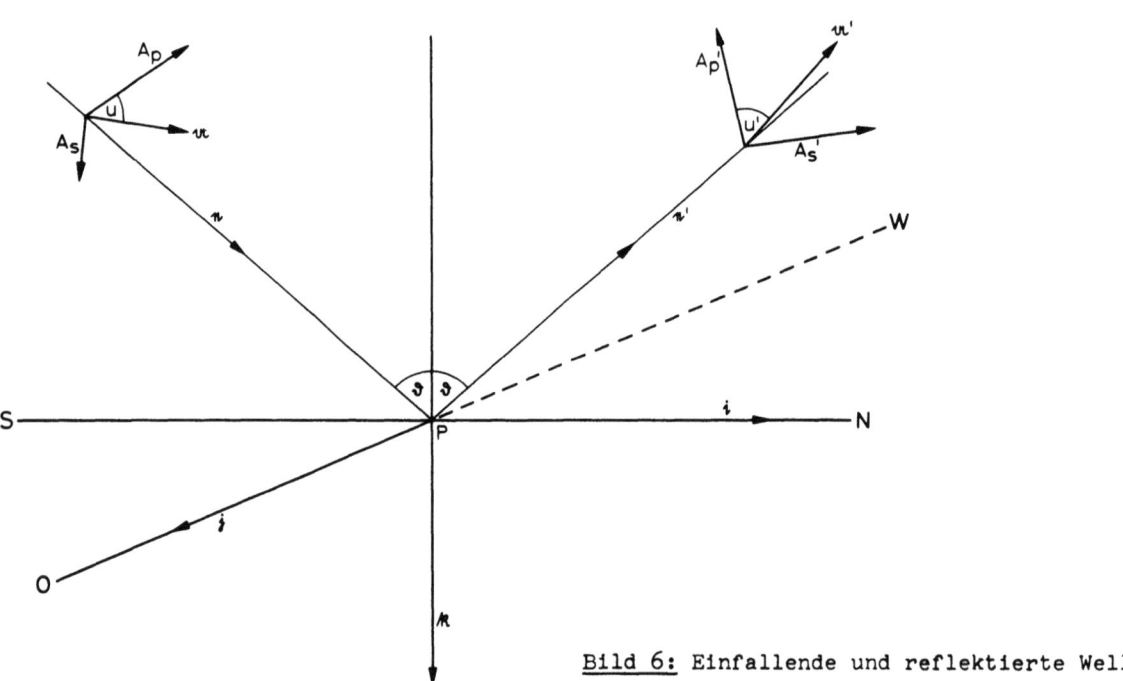

Bild 6: Einfallende und reflektierte Welle

Man ersetzt die komplexe Dielektrizitätskonstante durch ihren Relativwert

$$\varepsilon'_K = \frac{\varepsilon_K}{\varepsilon_o} = \varepsilon' - j\frac{\sigma}{\omega \varepsilon_o} \qquad (III.16)$$

Setzt man den Wert für ε_o ein, so gilt

$$\varepsilon'_K = \varepsilon' - j\,60 \cdot \lambda \cdot \sigma$$

Es falle eine elektromagnetische Welle - Bild 6 - unter einem Winkel gegen die Normale des Erdbodens - ij-Ebene - ein. Der senkrecht zur Einfallsebene - $i\ell$-Ebene - schwingenden Komponente des $\mathcal{E}$-Vektors gibt man sowohl beim einfallenden wie beim reflektierten Strahl die Richtung der positiven y-Richtung [3, S. 314]. Damit wird $A_s = A_y$ und $A_s' = A_y'$. Die positive Richtung der parallel schwingenden Komponenten A_p und A_p' wird so festgelegt, daß in Richtung des Strahles gesehen die Drehung dieser Komponenten in die positive y-Richtung eine Uhrzeigerdrehung ist. Das Verhältnis der Amplitude der senkrecht zu der der parallel der Einfallsebene schwingenden Komponente gibt den Tangens des Azimuts der Schwingungsebene.

$$\text{tg } u = \frac{A_s}{A_p} \qquad (III.17)$$

Die Komponente A_p wird häufig auch "vertikalpolarisiert" genannt, obwohl sie nur bei einem Einfallswinkel $\vartheta = 90°$ wirklich mit der Vertikalen am Beobachtungsort zusammenfällt.

Man kann nun u berechnen. u ist der Winkel, um den der $\mathcal{E}$-Vektor aus der Einfallsebene gedreht ist. Aus Bild 4 entnimmt man

$$u = \text{arc cos}\left\{\frac{\sin El_{Ant} - \cos \vartheta_o \cdot \sin El}{\sin \vartheta_o \cdot \cos El}\right\} \qquad (III.18)$$

Findet noch eine zusätzliche Drehung der Polarisationsebene durch das Medium statt, dann muß man zu u noch diesen Drehwinkel Ω addieren bzw. von u subtrahieren, je nachdem, ob man sich im Gebiet positiver oder negativer Inklination befindet.

$$u° = u \pm \Omega \qquad (III.18\ a)$$

a) Vertikal polarisierter Strahl - A_p -

Setzt man $90 - \vartheta = El$, dann gilt für das Verhältnis der Amplituden des einfallenden und reflektierten Strahles, das man auch "Reflexionsfaktor" nennt,

$$\mathcal{R}_v = \frac{\varepsilon_K' \sin El - \sqrt{\varepsilon_K' - \cos^2 El}}{\varepsilon_K' \sin El + \sqrt{\varepsilon_K' - \cos^2 El}} \qquad (III.19)$$

b) Horizontal polarisierter Strahl - A_s -

$$\mathcal{R}_h = \frac{\sin El - \sqrt{\varepsilon_K' - \cos^2 El}}{\sin El + \sqrt{\varepsilon_K' - \cos^2 El}} \qquad (III.20)$$

Die Reflexionsfaktoren sind komplexe Werte. Bei der Durchführung von Berechnungen für die Praxis muß man einzeln den Modul und das Argument der komplexen Reflexionsfaktoren ausrechnen, die man zweckmäßigerweise folgendermaßen schreibt:

$$\mathcal{R}_v = |R_v|\, e^{-j\theta_v} \qquad (III.19\ a)$$
$$\mathcal{R}_h = |R_v|\, e^{-j\theta_h} \qquad (III.20\ a)$$

III.3

Wenn die elektrische Feldstärke der einfallenden Welle unmittelbar über der Grenzfläche durch die Gleichung $E_1 = E_{o1} \cdot \cos \omega t$ bestimmt wird, so wird das Feld der reflektierten Welle unmittelbar über der Grenzfläche durch die Gleichung $E_2 = |R| E_{o1} \cos(\omega t - \theta)$ bestimmt. Zur Bestimmung des Moduls und des Arguments des Reflexionsfaktors gibt es Kurvenblätter [5, S. 49], die für 3 Werte der relativen Dielektrizitätskonstanten des Bodens, und zwar für $\varepsilon' = 4$, $\varepsilon' = 10$ und $\varepsilon' = 80$, ausgerechnet wurden. Als Parameter bei den Kurvenscharen erscheint $60 \lambda \cdot \sigma$. Als Abzisse erscheint der Erhebungswinkel El. Die Ordinate in der einen Darstellung ist $|R|$, in der anderen θ.

Nach dem Kriterium von **Rayleigh** wird die Reflexion an der Erde dann diffusen Charakter tragen, wenn die Höhe der Unebenheiten h^* der folgenden Ungleichung genügt.

$$h^* > \frac{\lambda}{\sin El} \tag{III.21}$$

Für die Meßfrequenzen 20 MHz und 40 MHz ist diese Bedingung auf unserer Meßstation nirgendwo erfüllt.

c) Verhältnisse für ebene Erdoberfläche

Ein beliebig im Raum orientierter $\mathscr{E}$-Vektor wird in die Komponenten A_s und A_p zerlegt.

$$A_s = \mathscr{E} \cdot \sin u \quad \text{und} \quad A_p = \mathscr{E} \cdot \cos u \tag{III.22}$$

mit u aus Gleichung (III.18).

Um den Einfluß der Erdoberfläche explizit berechnen zu können, muß man nun A_s und A_p getrennt behandeln und gegebenenfalls die resultierenden Komponenten später wieder vektoriell zusammensetzen.

Der Abstand der Sendeantenne von der Empfangsantenne auf der Erdoberfläche wird - Bild 7, 1 - mit r bezeichnet, die Höhen der Sende- und Empfangsantennen mit h_1 und h_2. Sind diese Größen bekannt, dann ist es nicht schwierig, ϑ zu ermitteln. Gleichzeitig kann der geometrische Gangunterschied Δr zwischen dem direkten und dem von der Erde reflektierten Strahl ermittelt werden.

Bezeichnet man die Strecke AB zwischen Sende- und Empfangsantenne mit r_1 und die Strecke AC + CB mit $r_1 + \Delta r$, dann erhält man für den direkten Strahl

$$\mathscr{E}_1 = \frac{245 \sqrt{P \cdot G_1}}{r_1} \cos \omega t \tag{III.23}$$

$\mathscr{E}_1$: [mV/m],
P : ausgestrahlte Leistung [kW],
G_1 : Gewinn bezüglich eines isotropen Strahlers,
r_1 : Abstand [km].

$$E_{1eff} = \frac{173 \sqrt{P \cdot G_1}}{r_1} \tag{III.23 a}$$

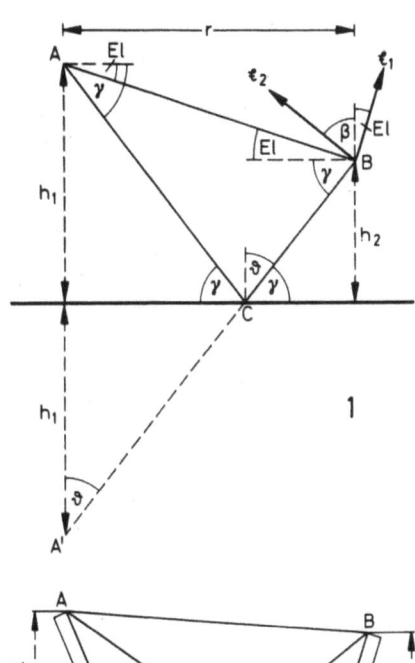

Bild 7: Direkter und reflektierter Strahl über ebener und gekrümmter Erdoberfläche

Für den von der Erde reflektierten Strahl gilt:

$$\ell_2 = \frac{245\sqrt{P \cdot G_2}}{r_1 + \Delta r} \cdot |R| \cdot \cos(\omega t - \theta - \frac{2\pi}{\lambda} \Delta r)$$

(III.24)

G_1: Gewinn in Richtung des direkten Strahles,
G_2: Gewinn in Richtung des reflektierten Strahles.

Das resultierende elektrische Feld im Punkt B wird durch vektorielle Addition der Gleichungen (III.23) und (III.24) bestimmt.

Für die <u>horizontale</u> Komponente A_s der ausgestrahlten elektromagnetischen Welle sind die Vektoren ℓ_1 und ℓ_2 im Punkt B auf einer Geraden senkrecht zur Zeichenebene gerichtet, demzufolge ist das resultierende elektrische Feld die algebraische Summe von ℓ_1 und ℓ_2.

$$\ell_h = \ell_1 + \ell_2 \qquad \text{(III.25)}$$

Bei der "vertikalen" Komponente A_p liegen beide Vektoren ℓ_1 und ℓ_2 in der Zeichenebene, stimmen mit ihren Richtungen aber nicht überein.

Demzufolge ist das resultierende elektrische Feld elliptisch polarisiert und seine <u>vertikale</u> Komponente kann nach der Gleichung

$$\ell_v = \ell_1 \cdot \cos El + \ell_2 \cos\gamma \qquad \text{(III.26)}$$

berechnet werden.

Außerdem entsteht noch eine Komponente <u>parallel</u> zur Erdoberfläche.

$$\ell_p = \ell_1 \sin El - \ell_2 \sin\gamma \qquad \text{(III.27)}$$

Statt des beliebig im Raum orientierten ℓ-Vektors hat man also im allgemeinen nach der Reflexion die 3 Komponenten ℓ_h, ℓ_v und ℓ_p.

d) Berücksichtigung der Erdkrümmung

Das Schema der Ausbreitung des direkten und des reflektierten Strahles ist in Bild 7, 2 gezeigt. Wenn wir im Reflexionspunkt der elektromagnetischen Wellen an der Erdoberfläche eine Tangentialebene MN zur Erdkugel hindurchlegen und die Antennenhöhen nicht von der Erdoberfläche sondern von dieser Ebene aus berechnen, ergeben sich die Bezugshöhen h_1' und h_2'. Wenn wir in die Reflexionsgleichungen statt der Höhen h_1 und h_2 diese Bezugshöhen einsetzen, erhalten wir den richtigen Wert des Gangunterschiedes der Strahlen

III.3

und folglich auch die richtigen Werte der Empfangsfeldstärke, weil der Komplementwinkel des Strahles, auf die gewölbte Erdoberfläche bezogen, gleich dem Komplementwinkel über der Tangentialebene ist. Man muß also nur aus den Größen α_1, β_1, h_1 und h_2 die Bezugshöhen berechnen.

e) Satellitenantenne in großer Entfernung von einer niedrig aufgestellten Empfangsantenne und Berücksichtigung der Drehung der Polarisationsebene

Aus (III.23), (III.24) und (III.25) sowie (III.18 a) erhält man

$$E_{eff,h} = \frac{173\sqrt{P \cdot G}}{r_1} \sqrt{1 + |R|^2 + 2|R|\cos(\Theta + \frac{2\pi}{\lambda} \Delta r)} \cdot C_{S,n} \cdot |\sin u_o| \qquad (III.28)$$

- G : Gewinn der Sendeantenne in Hauptstrahlrichtung
- P : Sendeleistung des Satelliten [kW]
- r_1 : Abstand der Satellitenantenne von der Empfangsantenne [km]
- $C_{S,n}$: Richtcharakteristik der Sendeantenne in Richtung der Wellennormalen.

Analog erhält man aus (III.26) bzw. (III.27) folgende Beziehungen:

$$E_{eff,v} = \frac{173\sqrt{P \cdot G}}{r_1} \sqrt{1 + |R|^2 + 2|R|\cos(\Theta + \frac{2\pi}{\lambda} \Delta r)} \cdot C_{S,n} \cdot |\cos u_o \cdot \cos El_B| \qquad (III.29)$$

El_B: Elevationswinkel, unter dem die Wellennormale am Beobachtungsort B einfällt.

$$E_{eff,p} = \frac{173\sqrt{P \cdot G}}{r_1} \sqrt{1 + |R|^2 + 2|R|\cos(\Theta + \frac{2\pi}{\lambda} \Delta r)} \cdot C_{S,n} \cdot |\cos u_o \cdot \sin El_B| \qquad (III.30)$$

Die Wurzelausdrücke stellen nun den Spiegelungsfaktor Sp dar und gehen nur für den Fall unendlich gut leitender Erde in den Term Sp der Gleichung (III.3 c) über. In unserem Fall kann man ohne Nachteil für die Berechnungsgenauigkeit annehmen, daß der direkte und der von der Erde reflektierte Strahl parallel verlaufen, d.h., es ist

$$\Delta r = 2 h_1 \cdot \sin El \qquad (III.31)$$

h_1: Empfangsantennenhöhe

Bei gegebenen Sendefrequenzen errechnet man die Werte von $|R|$ und Θ aus den Formeln (III.19) und (III.20) oder entnimmt sie aus Kurvenblättern und kann damit die Effektivwerte der 3 Feldstärkekomponenten berechnen. In u_o steckt die Bahngeometrie und der Einfluß der Ionosphäre (Faraday-Effekt).

Steht die Empfangsantenne in der Horizontebene, dann muß man statt der Effektivwerte $E_{eff,h}$ und $E_{eff,p}$ die zugehörigen Vektoren $\mathcal{E}_h$ und $\mathcal{E}_p$ berechnen. Es zeigt sich, daß beide im allgemeinen unterschiedliche Phasen haben, d.h., der resultierende Vektor in der Horizontebene ist elliptisch polarisiert. Die große Halbachse der Ellipse dreht sich als Funktion der Zeit, wenn sich die Phasendifferenz zwischen $\mathcal{E}_h$ und $\mathcal{E}_p$ mit der Zeit ändert. Bei horizontalen Empfangsantennen muß man also beim Empfang von Satellitensignalen neben einer Drehung der Polarisationsebene durch die Ionosphäre und die Bahngeometrie noch eine mögliche Drehung durch die Reflexionseigenschaften des Erdbodens berücksichtigen.

f) Charakteristische Werte von $|R|$ und θ für einen Elevationswinkelbereich zwischen 50° und 90° und λ = 10 m

1) feuchter Boden

	horizontale Polarisation	vertikale Polarisation	Elevation
$\|R\|$	0,6 - 0,65	0,6 - 0,45	90° - 50°
θ	182° - 181,5°	10° - 17°	90° - 50°*)

2) trockener Boden

	horizontale Polarisation	vertikale Polarisation	Elevation
$\|R\|$	0,4 - 0,45	0,4 - 0,2	90° - 50°
θ	186° - 181,5°	10° - 17°	90° - 50°*)

Setzt man diese errechneten Werte unter Berücksichtigung von Gleichung (III.31) in (III.28), (III.29) und (III.30) ein, dann sieht man, daß für Elevationswinkel größer als 45° die Spiegelungsfaktoren Sp größer als 1 bleiben. Außerdem bleibt in diesem Fall auch $c_{S,u}$ größer als Null. Die Feldstärkeminima, die man während eines Satellitendurchganges im Zeitintervall Δt registriert, werden von der Größe u_o <u>allein</u> verursacht, wenn während dieses Zeitintervalles El > 45° war.

g) Abschlußbemerkung

Es muß noch einmal betont werden, daß die bei der Ableitung der Reflexionsgleichungen zugrundegelegte Auffassung, daß am Empfangsort ein direkter und ein von der Erde reflektierter Strahl vorhanden sind, nur eine annähernde Beschreibung eines viel komplizierteren Ausbreitungsvorganges darstellt und nur dann genau gültig ist, wenn die Antennenhöhen ein Mehrfaches der Wellenlänge betragen. Wenn letztere Bedingung nicht erfüllt wird, tritt bereits ein Einfluß der Erde in unmittelbarer Antennenhöhe auf, und man muß für die Ermittlung der genauen Empfangsfeldstärke andere Methoden anwenden, vor allen Dingen für kleine Elevationswinkel.

4. Die Sendeantennen des Satelliten S-66

Die Antennen für die Frequenzen 20 MHz, 40 MHz und 41 MHz sind Peitschenantennen, die elektrisch $\lambda/4$ lang sind. Es handelt sich also um $\lambda/4$ Vertikalantennen, die gegen den Satellitenkörper erregt sind. Wegen der Äquivalenz von ideal leitender Erde und Spiegelbild sind die Feldkomponenten und die Strahlungscharakteristik eines symmetrischen $\lambda/2$-Dipols im freien Raum und eines $\lambda/4$ Vertikalstabes über ideal leitender Erde gleich. Sie unterscheiden sich nur im Strahlungswiderstand R_S und im Fußpunktswiderstand R_F [6].

Der Satellitenkörper ist nun allerdings nur näherungsweise einer ideal leitenden Erdoberfläche gleichzusetzen, zumal die Peitschenantennen nicht direkt am Satellitenkörper [1] angebracht sind, sondern in einem gewissen Abstand davon, an den sog. "Sonnenpaddeln", die die Sonnenzellen für die Energieversorgung des Satelliten tragen.

---

*) Unter den eben genannten Verhältnissen kann man die Drehung der Polarisationsebene durch die Reflexionseigenschaften der Erde praktisch vernachlässigen. Um die genaue Größe dieser Drehung angeben zu können, muß man aber die Werte von $|R|$ und θ am Beobachtungsort genauer kennen, d.h., man muß Messungen der Bodeneigenschaften über längere Zeit durchführen.

Das Reziprozitätstheorem bleibt nur dann richtig, wenn in der unmittelbaren Nähe der beiden Antennen das Medium die gleichen elektrischen Eigenschaften aufweist, während sich zwischen ihnen beliebige lineare, isotrope Medien befinden dürfen. Diese Einschränkung macht sich sehr stark bemerkbar bei allen Raketen- und Satellitenantennen, die in der Ionosphäre fliegen. Im Falle unseres Ionosphärensatelliten S-66, der hoch über dem Maximum der Ionisation in der Ionosphäre fliegt, ist das Reziprozitätstheorem in guter Näherung gültig, d.h., die Sendecharakteristik der Antennen ist gleich der Empfangscharakteristik.

Leider ist es bislang nicht möglich gewesen, aus Amerika genauere Daten bzw. die gemessenen Charakteristiken der Antennen zu bekommen. Wir müssen also näherungsweise mit der Charakteristik von symmetrischen $\lambda/2$-Freiraumdipolen rechnen ($C'_{R, \lambda/2}$, siehe Gl. (III.3 a)). Es fehlen weiterhin genauere Angaben über die Lage der Sendeantennen <u>in der Satellitenantennenebene.</u> Für irgendwelche Feldstärkeberechnungen muß man also willkürliche Annahmen machen über ihre Lage, damit man $C'_{R, \lambda/2}$ explizit berechnen kann. Mit einem Schlüssel zum Decodieren der 136-MHz-Telemetriedaten könnten wir wahrscheinlich die Lage der Antennen aus den ausgewerteten Meßdaten errechnen. Genauere Rechnungen können also erst dann ausgeführt werden, wenn unsere diesbezüglichen Fragen von der NASA beantwortet werden.

5. Die Empfangsantennen

Es werden symmetrische $\lambda/2$-Horizontaldipole mit strahlungsgekoppelten Reflektoren benutzt. Der Abstand des Reflektors vom erregten Dipol ist $\lambda/4$, der des Reflektors von der Erdoberfläche kleiner als $\lambda/25$.

Will man die Gesamtcharakteristik dieses Antennentyps berechnen, dann muß man den Strom J_R auf dem Reflektor nach Betrag und Phase kennen. In bezug auf den Strom J_D des erregten Dipols wird J_R bestimmt durch den Abstand Antenne - Reflektor und die Abstimmung des Reflektors. Da man J_R nur näherungsweise abschätzen kann, kann man das Gesamtdiagramm auch nur näherungsweise berechnen.

Trotz dieser Nachteile wird dieser Antennentyp benutzt, da er einfach in der Ausführung ist und gegen den einfachen Horizontaldipol den Vorteil zeigt, daß infolge des Reflektors der Einfluß der endlich leitenden Erdoberfläche nicht so stark zu bemerken ist wie ohne Reflektor. Um nun die wirklichen Strahlungsdiagramme kennenzulernen, wurden die Antennen am Beobachtungsort "ausgeflogen" [7].

Die Vermessung erfolgte auf dem Antennengelände mit Hilfe eines Meßballons der DVL Oberpfaffenhofen. An diesem Meßballon hing für jede Meßfrequenz ein entsprechender $\lambda/2$-Dipol mit eingebautem quarzgesteuerten, transistorisiertem Sender einschließlich Stromversorgung.

Der Ballon mit dem Sendedipol wurde an Perlonseilen gehalten und mit konstanter Radialentfernung, unter Berücksichtigung der Fernfeldbedingung, auf einer Halbkugelfläche um die zu vermessende Antenne bewegt.

Zur Eliminierung des Sendeantennendiagramms wurde der Ballondipol stets senkrecht zur Ausbreitungsrichtung und parallel zum elektrischen Tangentialfeld der zu vermessenden Antenne orientiert. Die Empfangsfeldstärken der jeweiligen Bodenantennen wurden mit einem Empfänger und nachgeschaltetem Schreiber - Bild 1 - registriert. Die Aufpunktswinkel des Sendedipols wurden mit Hilfe eines dicht bei der Empfangsantenne befindlichen Theodoliten festgestellt und über eine Sprechverbindung der Registrierstelle übermittelt, die dann die Feldstärkeaufzeichnungen mit den entsprechenden Azimut- und Elevationswinkelangaben versah. Bild 8 zeigt die Geometrie.

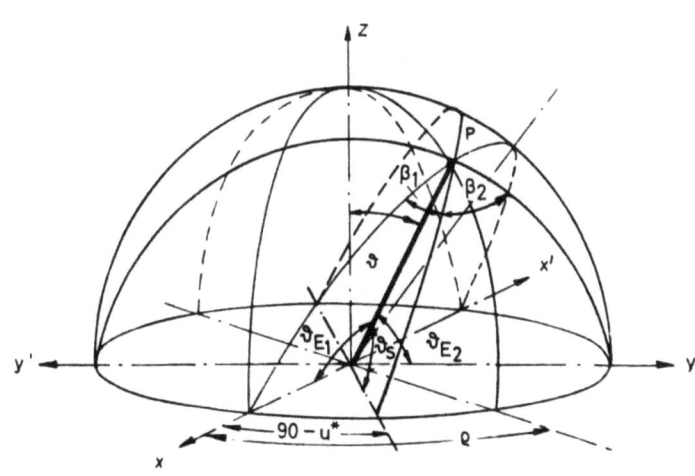

Bild 8: Geometrie für das Ausfliegen der Antennen

ϱ : Azimutwinkel
x, y : Achsen je eines Dipols
y' : (Nord), y: (Süd),
x : (West), x': (Ost)
ϑ : Zenitwinkel
ϑ_{E1} : Aufpunktswinkel des WO-Dipols
ϑ_{E2} : Aufpunktswinkel des NS-Dipols
β_1, β_2 : Winkel zwischen den Antennenebenen bei Verdrehung des Ballondipols
P : Ballondipol
$90 - u^*$: Winkel zwischen der Längsachse des OW-Dipols und der Schnittlinie der "Einfallsebene" mit der x,y-Ebene.

Diese spezielle "Einfallsebene" wird von der Wellennormalen und dem einfallenden $\mathcal{E}$-Vektor aufgespannt.

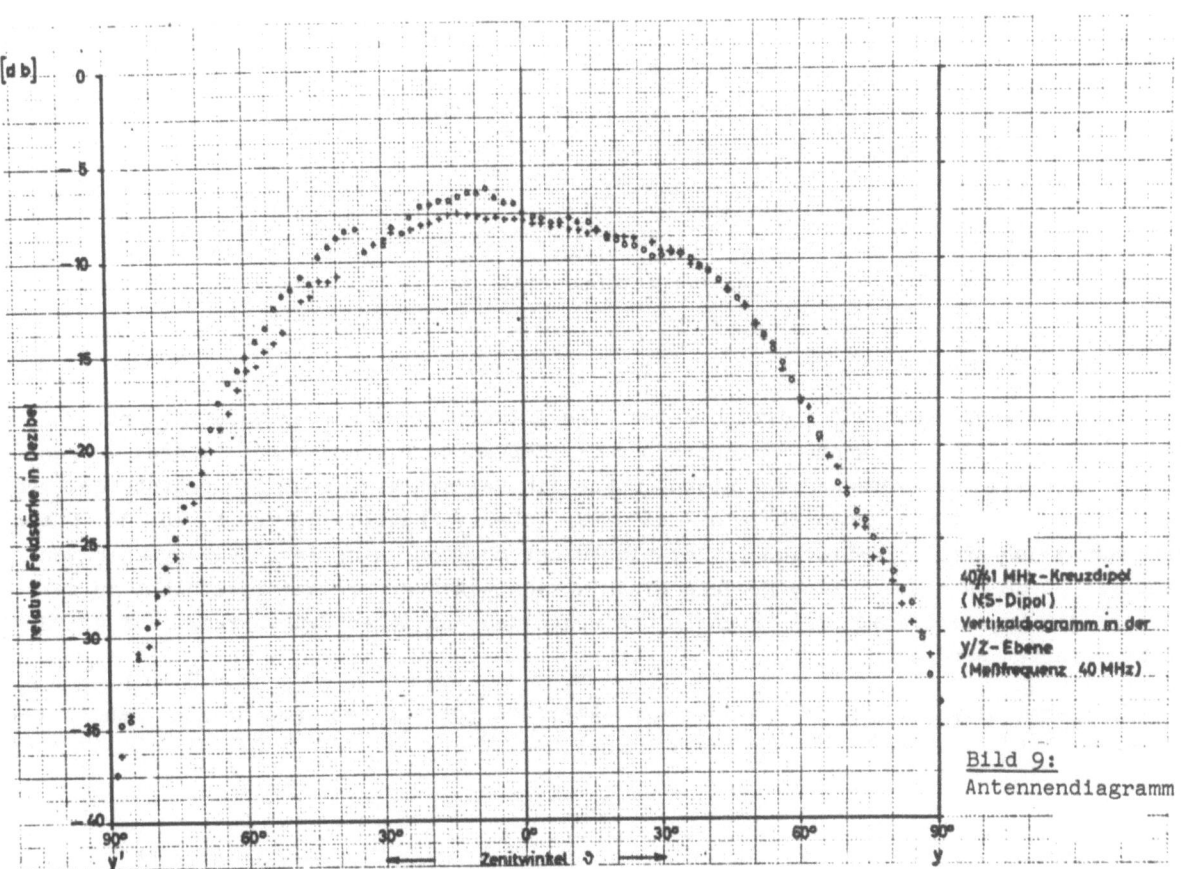

40/61 MHz-Kreuzdipol (NS-Dipol) Vertikaldiagramm in der y/z-Ebene (Meßfrequenz 40 MHz)

Bild 9: Antennendiagramm

Die Bilder 9 und 10 zeigen nun die Charakteristik des 40/41 MHz-Horizontaldipols mit Reflektor, und zwar handelt es sich um einen Schnitt in x,z-Ebene und y,z-Ebene.

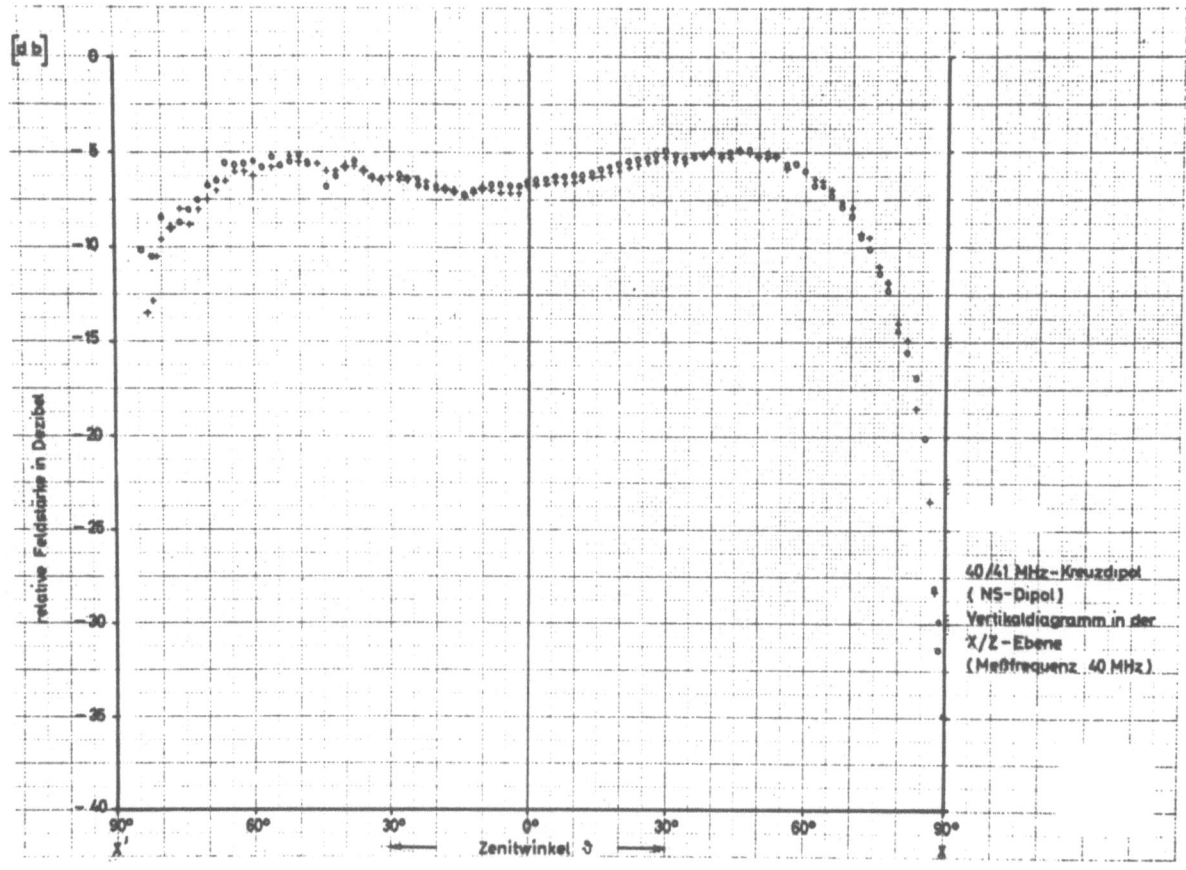

Bild 10: Antennendiagramm

Außerdem wurde noch auf folgende Weise eine Polarisationsmessung durchgeführt. Der Ballondipol befand sich genau im Zenit über dem Empfangsdipol und wurde langsam gedreht. Als er parallel zum Empfangsdipol stand, wurde ein Feldstärkemaximum $E_{\|}$ registriert und nach einer Drehung von genau 90° ein Minimum $E_{\perp}$. Das Verhältnis $E_{\|}$ zu $E_{\perp}$ war 32. Unter Verwendung von zwei $\lambda/2$-Dipolen ist es also nicht möglich, eine Amplitudendynamik von mehr als 30 dB zu messen. Eine größere Dynamik kann wegen der prinzipiell nicht zu beseitigenden Depolarisation der Antennen und wegen des endlichen Rauschpegels auf 40 MHz nicht erwartet werden.

Insgesamt zeigte sich, daß man die Charakteristik dieser Empfangsantennen näherungsweise durch $C_{R,\lambda/2}^{''}$ (III.3 c) beschreiben darf.

6. Berechnung des Wertes von cos β, in Gleichung (III.6), unter den allgemeinsten Voraussetzungen

β ist eine Funktion der Satellitenbewegung und des Faraday-Effektes der Ionosphäre. Da cos β für die Berechnung der Empfangsfeldstärke eine große Rolle spielt, soll die Formel dafür explizit abgeleitet werden, und zwar in einer Form, wie sie für eine Programmierung auf der IBM 7040 verwendet werden kann. Gegeben seien die geographischen Koordinaten des Satelliten, λ_G (Länge) und φ_G (Breite). Sie werden definiert durch den Schnittpunkt des Satellitenradiusvektors mit der Erdoberfläche. Diesen Punkt nennt man auch "Subsatellitenpunkt". Die geographischen Koordinaten müssen für genaue Berechnungen in die geozentrischen Koordinaten des Satelliten, λ_S und φ_S, umgerechnet werden [8]. Die Koordinaten bekommt man entweder direkt auf Mikrofilm von der NASA aus Amerika, oder man kann sie sich mit Hilfe eines Bahnrechnungsprogrammes aus den Ephemeriden des Satelliten berechnen, die vom Goddard Space Flight Center aus Amerika an die Institute verschickt werden.

Seien λ_B und φ_B die geozentrischen Koordinaten des Beobachtungsortes B, dann entnimmt man aus dem sphärischen Dreieck - Bild 11, oberer Teil - folgende Beziehungen:

$$\psi = \arccos(\sin\varphi_B \cdot \sin\varphi_S + \cos\varphi_B \cdot \cos\varphi_S \cdot \cos(\lambda_B - \lambda_S)) \qquad (III.32)$$

$$\xi = \arccos\left(\frac{\sin\varphi_S - \sin\varphi_B \cdot \cos\psi}{\cos\varphi_B \sin\psi}\right) \qquad (III.33)$$

λ wird über Westen von $0° - 360°$ gezählt.

N: Nordpol
S: Subsatellitenpunkt
ψ: Winkelabstand des Subsatellitenpunktes S vom Beobachtungsort B
ϱ_B: Azimut der geradlinigen Verbindung Satellit - Beobachtungsort (Einfallsebene) am Beobachtungsort B
ϱ_S: Azimut der geradlinigen Verbindung Satellit - Beobachtungsort am Ort des Satelliten

Es gilt:

$$\varrho_B = 180 + \xi \quad \text{bzw.} \quad 180 - \xi \qquad (III.34)$$
$$\varrho_S = 180 + \eta \quad \text{bzw.} \quad 180 - \eta$$

Der untere Teil des Bildes zeigt die gleichen Verhältnisse für ein geomagnetisches Bezugssystem. Man erhält nur andere Azimutwinkel.

$$\varrho_{BM} = 180 + \tau \quad \text{bzw.} \quad 180 - \tau \qquad (III.35)$$
$$\varrho_{SM} = 180 + \varepsilon \quad \text{bzw.} \quad 180 - \varepsilon$$

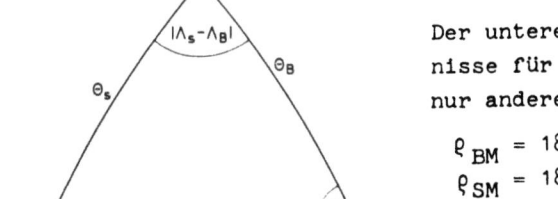

Bild 11: Sphärische Dreiecke für geozentrisches und geomagnetisches Bezugssystem

III.6

Um das Azimut ϱ_B aus (III.32) und (III.33) eindeutig zu bestimmen, muß man eine Fallunterscheidung durchführen.

1) Wenn $\lambda_B \leq \lambda_S \leq \lambda_B + 180°$ ist, dann gilt $\varrho_B = 180 - \xi$
2) Wenn $\lambda_B \geq \lambda_S \geq \lambda_B - 180°$ ist, dann gilt $\varrho_B = 180 + \xi$ \hspace{1em} (III.36)

Es gilt ferner:

$$\eta = \arccos\left(\frac{\sin \varphi_B - \sin \varphi_S \cdot \cos \psi}{\cos \varphi_S \sin \psi}\right) \quad (III.37)$$

Für das Azimut ϱ_S muß man wieder eine Fallunterscheidung durchführen.

1) Wenn $\lambda_B \leq \lambda_S \leq \lambda_B + 180°$ ist, dann gilt $\varrho_S = 180 + \eta$
2) Wenn $\lambda_B \geq \lambda_S \geq \lambda_B - 180°$ ist, dann gilt $\varrho_S = 180 - \eta$ \hspace{1em} (III.38)

Durch Austausch der Buchstaben kann man die analogen Beziehungen für das geomagnetische Bezugssystem herleiten.

Beschreibt man das Erdmagnetfeld näherungsweise durch das Feld eines zentralen Dipols [9, S. 155 ff], dann kann man die geographischen Koordinaten mit Formeln ausdrücken, und dann τ und ε bestimmen.

Bei der für Lindau durchgeführten Normalfeldentwicklung [9], die ja eine wesentlich bessere Näherung darstellt, kann man ε aus den geographischen Koordinaten und der berechneten Deklination D bestimmen. Es gilt:

$\varrho_{magn} = \varrho_{geo} - D$ \hspace{1em} (III.39)

Es gilt: $\varepsilon = \eta - D$ \hspace{1em} (III.39 a)
$\tau = \xi - D$ \hspace{1em} (III.39 b)

Das Vorzeichen ist in D enthalten.
geo: geozentrisches Ko-System. Mit ϱ_B und ϱ_S kennt man nun wegen Gleichung (III.39) auch das geomagnetische Azimut.

Wenn $\varrho_{magn} \geq 360°$ mit $\varrho_{magn\,1}$
$= \varrho_{magn} - 360°$ rechnen,
wenn $\varrho_{magn} \leq 0°$ mit $\varrho_{magn\,2}$
$= \varrho_{magn} + 360°$ rechnen.

Wenn $\varepsilon, \tau \geq 180°$ mit $\varepsilon_1 = \varepsilon - 180°$
bzw. $\tau_1 = \tau - 180°$ rechnen,
wenn $\varepsilon, \tau \leq 0°$ mit $\varepsilon_2 = \varepsilon + 180°$
bzw. $\tau_2 = \tau + 180°$ rechnen.

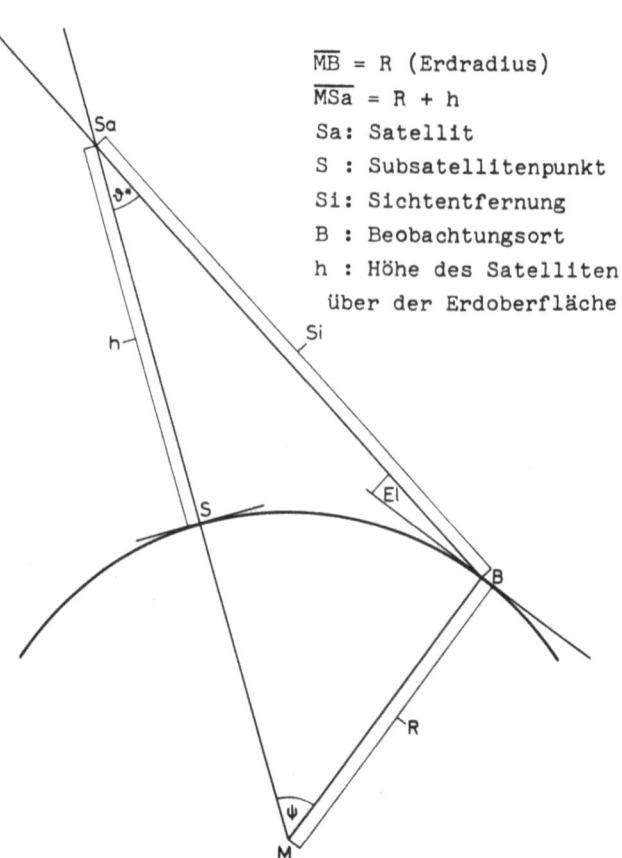

$\overline{MB}$ = R (Erdradius)
$\overline{MSa}$ = R + h
Sa: Satellit
S : Subsatellitenpunkt
Si: Sichtentfernung
B : Beobachtungsort
h : Höhe des Satelliten über der Erdoberfläche

Bild 12: Satellitengeometrie

Für den Zenitwinkel ϑ^* der Wellennormalen u am Ort des Satelliten (Sa) erhält man aus Bild 12

$$Si = \left[(h+R)^2 + R^2 - 2R(h+R)\cdot\cos\psi \right]^{1/2} \qquad (III.40)$$

$$\vartheta^* = \arcsin\left(\frac{R\cdot\sin\psi}{Si}\right) \qquad (III.41)$$

Eine einfachere Beziehung erhält man für ϑ^* mit

$$\operatorname{tg}\vartheta^* = \frac{R\cdot\sin\psi}{(R+h) - R\cos\psi} \qquad (III.41\ a)$$

Wegen der Bewegung des Satelliten kommt es nur sehr selten vor, daß die Koordinaten des Subsatellitenpunktes S mit denen des Beobachtungsortes B identisch sind. Daraus ergibt sich, daß die Wellennormale u (geradlinige Verbindung Satellit - Beobachtungsort), die Normale z^* auf der Horizontebene am Satelliten sowie die Normale z auf der Satellitenantennenebene im Raum ein "Dreibein" aufspannen - Bild 13, oben -.

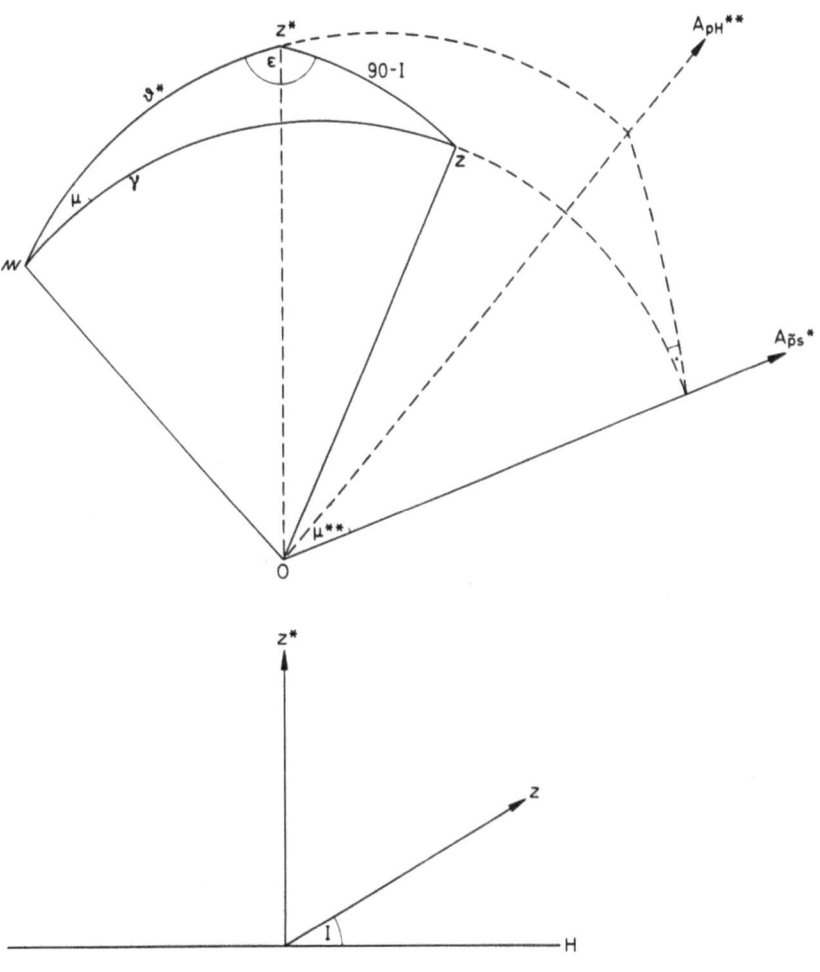

Bild 13: Satellitengeometrie

III.6

Die obere Figur in Bild 13 berücksichtigt schon den Spezialfall des Satelliten S-66, wo die Symmetrieachse parallel zur Richtung des Erdmagnetfeldes gehalten wird, und die Satellitenantennenebene senkrecht dazu steht.
Bild 13, unten, zeigt die Verhältnisse. z entspricht der Symmetrieachse, H ist die Horizontebene am Ort des Satelliten und I die Inklination des Erdmagnetfeldes. Auf diese Weise entsteht in Bild 13 die Seite 90 - I.

Bei Satelliten mit irgendeiner anderen Stabilisierung steht ein anderer Wert für diese Seite. Bei einem gravitationsstabilisierten Satelliten fällt z* mit z zusammen.

Man entnimmt dem Bild 13 folgende Beziehungen:

$$\gamma = \arccos(\cos\vartheta^* \sin I + \sin\vartheta^* \cos I \cos\varepsilon)$$

$$\mu = \arccos\left(\frac{\sin I - \cos\vartheta^* \cos\gamma}{\sin\vartheta^* \sin\gamma}\right) \qquad (III.43)$$

$$0 \leq \mu \leq 180°$$

Im Fall des Satelliten S-66 gilt für unseren Beobachtungsort Lindau $0 < \gamma < 90°$.

μ gilt für alle γ und ϑ^*, die am Beobachtungsort Lindau im Fall des Satelliten S-66 vorkommen können. Für den <u>einfachen</u> Fall, daß während eines kurzen Beobachtungszeitraumes z* mit z identisch ist, und daß $\rho_B \approx \rho_S$ und $90 - El = \vartheta \approx \vartheta^*$ gilt, wurde der Winkel u^* in der Horizontebene H2 ausgerechnet. u^* ist der Winkel zwischen der x-Achse (NS-Richtung) und der Schnittlinie zwischen der Horizontebene und derjenigen Ebene, die von dem einfallenden ℓ-Vektor und der Wellennormalen aufgespannt wird. Bild 14 zeigt die Geometrie [10].

S1 und S2 sind die Schwingungsebenen des sich ausbreitenden ℓ-Feldes. Die Wellennormale u steht senkrecht auf ihnen. H1 entspricht der Satellitenantennenebene, H2 der Empfangsantennenebene. Für den Fall unserer horizontalen Empfangsantennen ist H2 auch gleichzeitig die Horizontebene.
ℓ_{Sat} repräsentiert die Lage der Satellitenantenne in H1, und u_{Sat} gibt ihren Winkel bezüglich der $\bar{x}$-Achse an.
$-90 \leq u_{Sat} \leq 90°$.

α ist der Winkel, um den die Schnittlinie zwischen der Schwingungsebene S2 und der

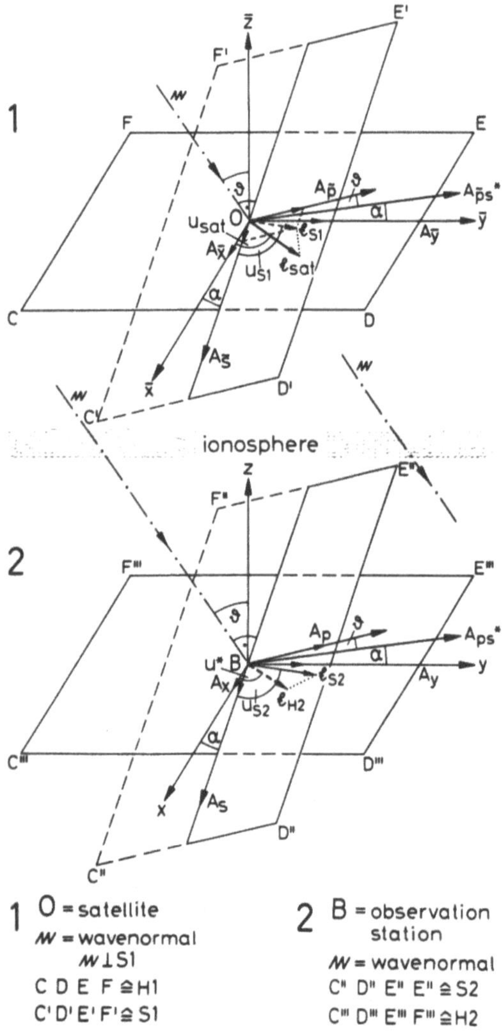

<u>Bild 14</u>: Satellitengeometrie

Horizontebene H2 gegen die x-Achse verdreht ist. Ω ist der Winkel, um den der ℓ-Vektor in der Ionosphäre gedreht wurde.

Es gilt:

$$u^* = + \alpha + \text{arctg} \left[\text{tg} \left\{ \text{arctg} \left[\overbrace{\text{tg}(u_{Sat} - \alpha)}^{*} \cdot \sin El \right] \mp \overbrace{\Omega}^{**} \right\} \sin El \right] \quad (III.44)$$

Wie später noch gezeigt wird, gilt auf der magnetischen Nordhalbkugel der Erde $-\Omega$ und auf der magnetischen Südhalbkugel $+\Omega$.

Man kann jetzt den Winkel α durch das Azimut der Empfangsantenne und das der Wellennormalen ausdrücken. A_{ZBA}: Azimut der Empfangsantenne.

$$\alpha = 270 - \rho_B \quad (III.45)$$

mit $90 \leqq A_{ZBA} \leqq 270°$

Die Gleichung (III.45) gilt für unsere spezielle Meßanordnung. Wenn $\rho_B < 180°$, dann muß in (III.45) statt ρ_B $\quad 180 + \rho_B$ subtrahiert werden.

Allgemein gilt, wenn A_{ZBA} das Azimut der Empfangsantenne ist, $\alpha = A_{ZBA} - \rho_B$ (III.45a) mit $90° \leqq A_{ZBA} \leqq 270°$. Damit sind alle möglichen Winkel in der Antennenebene erfaßt.

Wenn $\rho_B < A_{ZBA} - 90$ ist, dann muß $\rho_{B1} = \rho_B + 180°$ gesetzt werden,
wenn $\rho_B < A_{ZBA} + 90$ ist, dann muß $\rho_{B2} = \rho_B - 180°$ gesetzt werden.

Nur für __die__ Bedingung (III.45 a) gilt das Plus- bzw. Minuszeichen vor dem α in Gleichung (III.44). Es wird nämlich alles auf eine Koordinatentransformation zwischen den x,y- und A_s, A_{ps}^*-Achsen bezogen, und zwar so, daß die A_s, A_{ps}^*-Achsen im mathematisch positiven Sinn um α gegen das x,y-Koordinatensystem verdreht sind (Linksdrehung). Man muß genau die Winkelbereiche kennen, in denen die einzelnen Winkel der Gleichung (III.44) variieren können, damit man beim Bilden der Umkehrfunktionen feststellen kann, wann und ob man ihren Definitionsbereich verläßt. Der arctg ist z.B. nur zwischen $-\pi/2$ und $+\pi/2$ definiert. Wenn man beim Rechnen auf der IBM 7040 die Programmiersprache FORTRAN IV benutzt, kann man statt der Funktion arctg die Funktion ATAN 2 (y,x) = arctg y/x berechnen [11] und damit den gesamten Winkelbereich von $0° - 360°$ __eindeutig__ erfassen.

Im allgemeinen trifft die Formel (III.44) nicht zu. Man kann sie aber allgemein gültig machen, wenn man die Terme (*) und (**), die bei der Transformation von H1 nach S1 entstehen, durch die Größen ersetzt, die für $z^* \neq z$, $\rho_B \neq \rho_S$ und $\vartheta \neq \vartheta^*$ errechnet werden können. Statt sin El steht dann $\sin |\gamma|_S$, wobei γ_S aus (III.49 c) berechnet wird. Die entsprechende Größe $-\alpha^*-$ für den Term (*) wird noch in (III.49) abgeleitet.

Aus Bild 13 entnimmt man die Beziehung für μ^{**}:

$$\mu^{**} = \text{arctg} (\tan \mu \cdot \cos \gamma) \quad (III.46)$$

Bild 15, oberer Teil, zeigt wieder die Satellitenantennenebene. A_{ps}^* ist die Projektion von A_{ps} auf A1 (in der durch z und u aufgespannten Ebene). A_{ph}^{**} ist die Projektion von A_{ph} auf A1 (in der durch u und z aufgespannten Ebene). A1 $\cong$ H1. $\alpha_S \cong \alpha_{1,2}$

$$\alpha_S = \alpha^* + \mu^{**} \cdot a \quad (III.47)$$

Es ist a = 1. Wenn $\varrho_{SM} > 180°$, dann ist a = - 1. Drückt man jetzt noch α^* als Funktion des Azimuts in der Horizontebene aus, dann kann man den Winkel α_S am Satelliten berechnen.

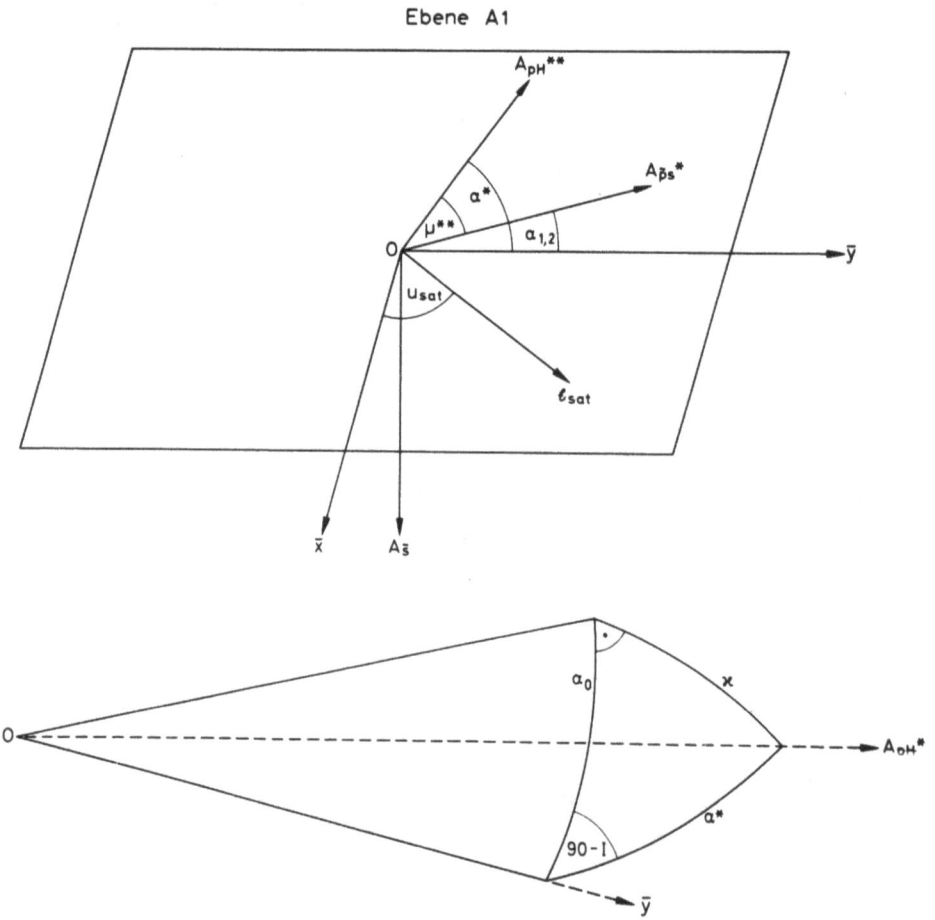

Bild 15: Satellitengeometrie

Die Beziehung zwischen dem Winkel α_o und dem Azimut A_{ZS} am Ort des Satelliten entnimmt man aus dem unteren Teil des Bildes 15. Für den Spezialfall des Satelliten S-66 findet man

$$\alpha_o = 270 - WL - \varrho_{SM} \qquad (III.48)$$

WL = 0. Wenn $\alpha_{SM} < 180°$, dann ist WL = $180°$.

ϱ_{SM} Azimut der Wellennormalen im geomagnetischen Bezugssystem am Ort des Satelliten.
Allgemein gilt:

$$\alpha_o = A_{ZS} - WL - \varrho_{SM} \qquad (III.48\ b)$$

$90 \leqq A_{ZS} \leqq 270$

A_{ZS} Azimut der Schnittlinie zwischen Satellitenantennenebene und Horizontebene am Ort des Satelliten. Beim S-66 ist im geomagnetischen Bezugssystem $A_{ZS} = 270$.

Wenn $\varrho_{SM} < A_{ZS} - 90°$ ist, muß $\varrho_{SM1} = \varrho_{SM} + 180°$ gesetzt werden,
wenn $\varrho_{SM} > A_{ZS} + 90°$ ist, muß $\varrho_{SM2} = \varrho_{SM} - 180°$ gesetzt werden.

In dieser Form können die Formeln für alle nur denkbaren Satellitenstabilisierungen verwendet werden. Als weitere Beziehung entnimmt man Bild 15

$$\alpha^* = \text{arctg} \frac{\text{tg}|\alpha_o|}{\sin I} \tag{III.49}$$

Wenn $\alpha_o < 0$, dann muß mit $-\alpha^*$ statt mit α^* weitergerechnet werden. Damit ist α_S vollkommen bestimmt. Da eine Linksdrehung der Schwingungsebene S2 sich sowohl in der Horizontebene H2 als auch in der Satellitenantennenebene H1 als Linksdrehung bemerkbar macht, bleiben die Vorzeichen des Terms (*) genau erhalten. Den Winkel α_S und den Winkel γ benötigt man für die Richtcharakteristik C_S der Satellitensendeantenne. Es gelte:

$$v_S = 90 + \alpha_S \tag{III.47 a}$$

Wenn $v_S > 90°$ ist, wird $v_S = v_S - 180°$ gesetzt. Unter dieser Voraussetzung erhält man dann:

$$\Delta\varrho_S = v_S - u_{Sat} \tag{III.47 b}$$

$$-90° \leq u_{Sat} \leq 90°$$

Wenn $\Delta\varrho_S > 90°$ ist, wird $\Delta\varrho_S = \Delta\varrho_S - 180°$ gesetzt.
Wenn $\Delta\varrho_S < -90°$ ist, wird $\Delta\varrho_S = \Delta\varrho_S + 180°$ gesetzt.

In der Gleichung (III.3 a) für $C_S = C'_{R, \lambda/2}$ steht dann statt cos El der Wert $\sin\gamma$ und statt $\cos\Delta\varrho$ der Wert $\cos\Delta\varrho_S$.

Bei einem gravitationsstabilisierten Satelliten steht in (III.47 a) statt α_S der Winkel α_o, unter der Voraussetzung, daß in Gleichung (III.48) statt ϱ_{SM} der Winkel ϱ_S subtrahiert wird. Ferner steht dann statt $\sin\gamma$ der Wert $\sin\vartheta^*$.

Setzt man in die Gleichung (III.47 a) statt α_S den Winkel α ein, dann erhält man ein v_E und aus (III.47 b) einen Winkel $\Delta\varrho_E$. In die Gleichung (III.3 c), die näherungsweise das Richtdiagramm C_E der Empfangsantenne darstellt, müssen jetzt die Werte cos El und $\cos\Delta\varrho_E$ eingesetzt werden.

Aus dem unteren Teil des Bildes 15, aus dem α^* bestimmt wurde, entnimmt man:

$$\varkappa = \text{arctg}(\sin|\alpha_o| \cdot \text{ctg } I) \tag{III.49 b}$$

Ferner gilt:

$$\gamma_S = 90 - \vartheta^* - \varkappa \cdot c \tag{III.49 c}$$

$c = -1$
Wenn $\varrho_{SM} < 90°$ ist, dann ist $c = 1$,
wenn $\varrho_{SM} > 270°$ ist, dann ist $c = 1$.

In allgemeinster Form gilt also für den Satelliten S-66:

$$u^* = +\alpha + \text{arctg}\left[\text{tg}\left\{\text{arctg}\left[\text{tg}(u_{Sat} - \alpha^*) \cdot \sin|\gamma_S|\right] \mp \Omega\right\} \sin El\right] \tag{III.50}$$

Wenn $u^* > 180°$ ist, dann muß mit $u_1^* = u^* - 180°$ weitergerechnet werden. Bei einem gravitationsstabilisierten Satelliten steht statt α^* der Winkel α_o - siehe obige Bemerkung - und statt $\sin|\gamma_S|$ der Wert $\cos\vartheta^*$. Beobachtet man so einen Satelliten im zenitnahen Bereich, dann gilt $\sin El \approx 1$, $\cos\vartheta^* \approx 1$, und man erhält aus der Gleichung (III.50) $u^* = +\alpha + u_{Sat} - \alpha_o \pm \Omega$. Wegen $\alpha \approx \alpha_o$ gilt

$$u^* = u_{Sat} \pm \Omega \qquad (III.44\ b)$$

Nur in diesem Fall gilt die lineare Superposition der Drehwinkel u_{Sat} und Ω, im allgemeinen Fall jedoch nicht. In den meisten Veröffentlichungen wird jedoch die Gültigkeit von (III.44 b) während des <u>gesamten</u> Beobachtungsintervalles vorausgesetzt [12], [14].

Für unseren Beobachtungsort Lindau gilt im zenitnahen Bereich auch $\sin\gamma_S \approx 1$, so daß auch für den S-66 die Gleichung (III.44 b) näherungsweise gilt. Für manche Beobachtungsorte wäre jedoch ein gravitationsstabilisierter Satellit vorteilhafter, vor allen Dingen dann, wenn die Satellitenantennen nicht in geomagnetischer Ost-West-Richtung stehen ($u_{Sat} = 90$). Der eben berechnete Winkel u^* wird nun dazu benutzt, um die Größe $\cos\beta$ auszurechnen.

Die y-Achse entspricht dem OW-Empfangsdipol in der Horizontebene, ϑ_E ist der Aufpunktswinkel dieser Antenne, ϑ_S der der Satellitensendeantenne und β der gesuchte Drehwinkel zwischen den beiden Antennenebenen. Aus Bild 16 entnimmt man folgende Beziehung:

$$\vartheta_E = \arccos(\cos\alpha \cdot \cos El) \qquad (III.51)$$

$$\alpha \,\hat{=}\, \alpha'$$

$$\zeta = \arccos\left(\frac{\tg\alpha}{\tg\vartheta_E}\right) \qquad (III.52)$$

$$\vartheta_S^* = \arccos(\sin u^* \cos\vartheta_E - \cos u^* \sin\vartheta_E \cos\zeta) \qquad (III.53)$$

$$\sin u^* = \cos\vartheta_S^* \cos\vartheta_E + \sin\vartheta_S^* \sin\vartheta_E \cdot \cos\beta \qquad (III.54)$$

$$\cos\beta = \frac{\sin u^* - \cos\vartheta_S^* \cos\vartheta_E}{\sin\vartheta_S^* \sin\vartheta_E} \qquad (III.55)$$

Steht der Satellit über Lindau im Zenit, dann gilt mit (III.44 b), (III.51), (III.52) und (III.53)

$$\cos\beta = \sin(u_{Sat} - \Omega) \qquad (III.55\ a)$$

Ist $u_{Sat} = 90°$, dann ist $\cos\beta = \cos\Omega \qquad (III.55\ b)$.

Genau in diesem Fall ist bei Verwendung einer horizontalen Empfangsantenne $\beta = \Omega$. Die aus den komplizierten Formeln erhaltenen Ergebnisse stimmen genau mit der Anschauung überein. In dem Ausdruck $\sin u^*$ steckt die Drehung Ω, die durch die **Ionosphäre** verursacht wird. Die Minima auf den Registrierstreifen werden von dem Ausdruck $\cos\beta$ bestimmt. Man kann nun als Modell eine bestimmte Drehung Ω der Ionosphäre vorgeben und dann mit Gleichung (III.55) den Winkel $\cos\beta$ ausrechnen, oder man geht von den registrierten Minima aus, für die ja $\cos\beta = 0$ ist, - von Minimum zu Minimum ändert sich β von $90°$ auf $270°$ - und rechnet dann mit Gleichung (III.55) den Winkel Ω aus, um den die Ionosphäre

die Polarisationsebene während des Zeitintervalles von Minimum zu Minimum gedreht hat.
Nur im zenitnahen Bereich - $\cos \beta = \cos \Omega$ - wird sich bei einer Änderung von β um $180°$ auch Ω um $180°$ ändern.

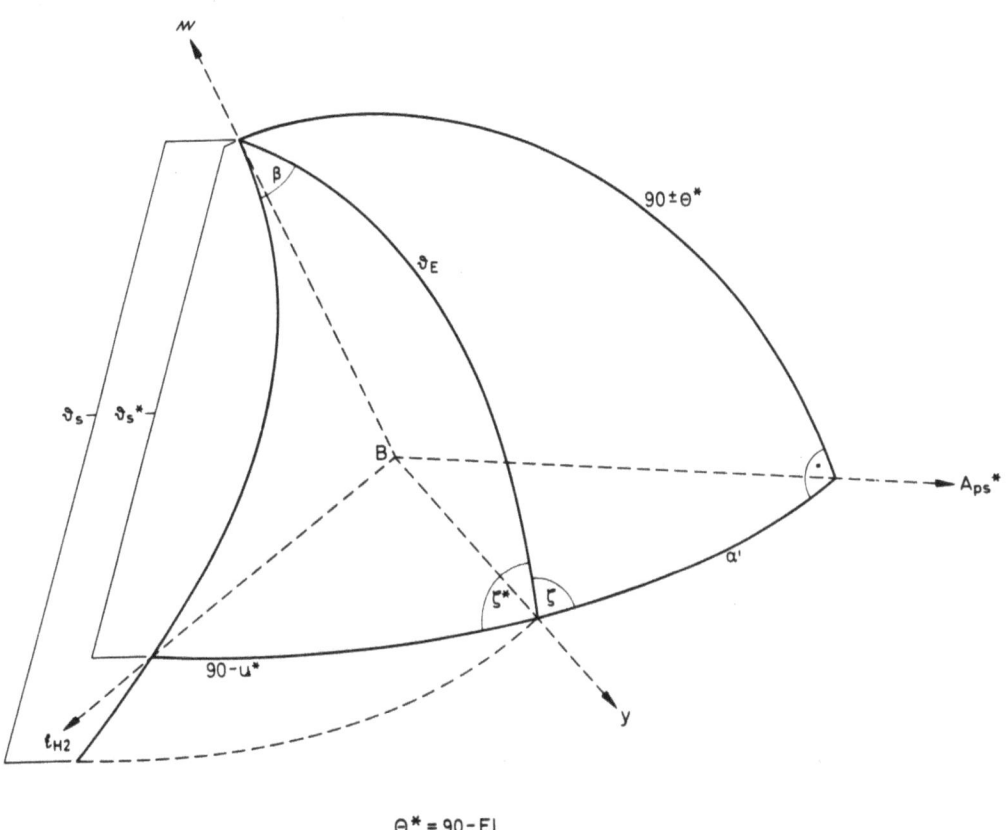

Bild 16: Antennengeometrie

Bei Verwendung von zwei Vertikalantennen - Satellitensendeantenne und Empfangsantenne jeweils vertikal - gilt während des ganzen Beobachtungszeitraumes exakt $\cos \beta = \cos \Omega$. In dem am meisten interessierenden Beobachtungsintervall - Elevationswinkel $> 45°$ - wird aber wegen der Feldstärkecharakteristiken der beiden Vertikalantennen - C_S gegen 0, C_E gegen 0 - die resultierende Empfangsfeldstärke so klein, daß man von der Verwendung zweier Vertikalantennen absehen muß.

Wenn man $\cos \beta$ als Funktion der Zeit für einen Satellitendurchgang des S-66 in Lindau berechnet, sieht man, daß bei $u_{Sat} \equiv$ const, β umso besser Ω entspricht, je stärker sich Ω mit der Zeit ändert. Bei Registrierungen des S-66 gilt also die Näherung $\Omega \approx \beta$ am Tag sehr viel besser als nachts.

III.7

7. Die berechnete Leerlaufspannung an den Klemmen der Empfangsantenne

Aus der Gleichung (III.6) kann man die Leerlaufspannung U_e an den Klemmen der Empfangsantenne berechnen.

Für das bearbeitete Meßprojekt gilt

$$U_e = \frac{const}{r} A \cdot C_S \cdot C_E \cdot Sp \cdot \cos\beta \qquad (III.56)$$

$A^* = 1 - A$ ist das Absorptionsvermögen. Es werde hier $A = 1$ gesetzt, der Fall $A \neq 1$ wird in dem Kapitel "Amplitudeneffekte" behandelt werden.

C_S: Richtcharakteristik der Sendeantennen des S-66 im freien Raum,
C_E: Richtcharakteristik der Empfangsantennen im freien Raum,
Sp: Spiegelungsfaktor der Erdoberfläche,
$\cos\beta$ siehe voriges Kapitel.

Aus den bisherigen Betrachtungen geht hervor, daß wir mit folgenden Näherungen rechnen dürfen:

$$C_S \approx C'_{R, \lambda/2} \qquad (III.3\ a)$$

und

$$C_E \cdot Sp \approx C'''_{R, \lambda/2} \qquad (III.3\ c)$$

Damit sind sämtliche Größen für die Berechnung von U_e gegeben.

Mit den Größen $\cos\beta$, Sp, C_E und C_S, die in den vorigen Kapiteln berechnet wurden, gilt (III.56) ganz allgemein für <u>jede</u> nur denkbare Art der Satellitenstabilisierung bzw. Satellitenorientierung.

Für die explizite Berechnung von $\cos\beta$ als Funktion der Zeit nach Gleichung (III.55) fehlt in unserem Fall der Wert von u_{Sat} als Funktion der Zeit und der Absolutwert von u_{Sat}, $-90 \leq u_{Sat} \leq 90°$. Nach Angaben der Amerikaner [1] ist $u_{Sat}(t) = const$. Solange keine Angaben über den Absolutwert von u_{Sat} aus Amerika zu bekommen sind, müssen die Leerlaufspannungen für verschiedene Werte von u_{Sat} berechnet werden. Außerdem fehlt in unserem Fall die Größe der Änderung des ionosphärischen Drehwinkels $\Delta\Omega$ pro Zeiteinheit. Für $\Delta\Omega/\Delta t$ muß deshalb eine plausible Modellannahme gemacht werden. Das Rechenprogramm für die Berechnung von U_e wurde für die IBM 7040 geschrieben, und zwar so, daß die normierten Werte U_{en} gleich von der Maschine gezeichnet werden konnten. Es ist zweckmäßiger, mit normierten Werten U_{en} statt mit Absolutwerten U_e zu arbeiten, denn wegen der vielen Annahmen und Vernachlässigungen würden die Werte, U_e-gerechnet und U-gemessen, sicher stark voneinander abweichen. Dagegen stimmen die Amplitudenschwankungen von U und U_{en} wieder recht gut überein. Die errechneten Kurven $U_{en}(t)$ können also einen recht guten Eindruck über die in Wirklichkeit zu erwartende Amplitudendynamik geben, zumal es sehr leicht ist, U_{en} mit den verschiedensten Modellannahmen für $\Delta\Omega/\Delta t$ zu berechnen. Außerdem kann man noch $u_{Sat}(t)$ durch eine beliebige periodische Zeitfunktion ersetzen und damit noch den Einfluß der Satelliteneigendrehung - Spin - auf U_{en} berechnen. Im Anhang befinden sich mehrere berechnete Kurven $U_{en}(t)$.

IV. Auswertungen

1. Horizontalgradienten in der Ionosphäre und ihre Messung mit Hilfe des Faraday-Effektes der Ionosphäre

Unter Horizontalgradienten in der Ionosphäre versteht man die Änderung der Elektronendichte N in der Ionosphäre, und zwar in konstanter Höhe h längs eines Weges S (dN/dS ≠ 0). Wertet man den Faraday-Effekt der Ionosphäre aus wie er z.B. mit Hilfe von Satellitensignalen registriert wird [12, 14, 15], dann kann man Aussagen machen über das Auftreten von Horizontalgradienten in der Ionosphäre. In den folgenden Kapiteln sollen nun die Voraussetzungen für eine solche Auswertung geschaffen werden.

a) Der Faraday-Effekt der Ionosphäre

Die schon häufig für Spezialfälle abgeleiteten Formeln sollen hier in allgemeinster Form abgeleitet werden, so wie sie für eine spezielle Auswertemethode des Faraday-Effektes benötigt werden.

Eine linear polarisierte Welle kann bei beliebiger Ausbreitungsrichtung in bezug auf die Richtung eines permanenten magnetischen Feldes in zwei elliptisch polarisierte Strahlen mit Längskomponenten des elektrischen Feldes zerlegt werden, wobei jede durch die Größen E_x, E_y und E_z gekennzeichnet wird. Nur bei rein longitudinaler Ausbreitung - Wellennormale parallel zur Magnetfeldrichtung - ist die Längskomponente gleich Null. Die beiden Strahlen, man nennt sie ordentliche und außerordentliche Strahlen, breiten sich in dem Medium mit den Phasengeschwindigkeiten v_o und v_{ao} aus. Die großen Halbachsen der beiden Ellipsen stehen aufeinander senkrecht. Die Definition ordentlicher Strahl und außerordentlicher Strahl stammt aus der Optik, wo der ordentliche Strahl das Medium unbeeinflußt durchquert, während der außerordentliche vom Medium beeinflußt wird. Die Polarisationsdrehung des außerordentlichen Strahles erfolgt in der gleichen Richtung wie die Drehung der Elektronen auf Grund der Lorentzkraft. Die Drehung des ordentlichen Strahles erfolgt in umgekehrter Richtung. Die Analogie in der Ionosphärenphysik zeigt eine Einschränkung. Im allgemeinen Fall werden sowohl der ordentliche als auch außerordentliche Strahl beim Durchgang durch die Ionosphäre beeinflußt, der ordentliche allerdings sehr viel schwächer als der außerordentliche. Durch eine explizite Nachrechnung der Appleton-Hartree-Formel und Aufstellung der Polarisationsgleichungen konnte festgestellt werden, daß die aus der Appleton-Hartree-Formel berechenbaren Brechungsindizes n_o und n_{ao} so definiert wurden, daß die Drehrichtung des außerordentlichen Strahles mit der Drehrichtung der Elektronen übereinstimmt. Da $n_o > n_{ao}$ gilt, ist $v_{ao} > v_o$. Falle die Ausbreitungsrichtung einer elektromagnetischen Welle mit der positiven Magnetfeldrichtung zusammen, dann ist die Umlaufrichtung der Elektronen im Uhrzeigersinn, wenn man in Ausbreitungsrichtung blickt. Nach internationaler Übereinkunft ist so die Rechtsdrehung definiert. Betrachtet man auf der magnetischen Nordhalbkugel der Erde eine von einem künstlichen Erdsatelliten ausgesendete elektromagnetische Welle, dann dreht sich - in Ausbreitungsrichtung gesehen - der außerordentliche Strahl ℓ_{ao} rechts herum und der ordentliche ℓ_o links herum. Da $v_{ao} > v_o$ ist, dreht sich ℓ_{ao} schneller als ℓ_o.

Wenn eine Längskomponente des elektrischen Feldes auftritt, ist der resultierende ℓ-Vektor um einen bestimmten Winkel α_L zur Ausbreitungsrichtung geneigt. Man kann zeigen, daß α_L zeitlich konstant ist. Die beiden Polarisationsellipsen des ordentlichen und außerordentlichen Strahles stehen also nicht senkrecht auf der Ausbreitungsrichtung sondern sind um den Winkel α_L, der bei den für uns in Frage kommenden Verhältnissen

IV.1

ziemlich nahe an 90° liegt, gegen die Ausbreitungsrichtung geneigt. Nach Verlassen der Ionosphäre setzen sich die beiden Strahlen wieder zu einer resultierenden Welle zusammen, die im allgemeinen elliptisch polarisiert ist. Bei dieser Superposition spielt dann die Längskomponente keine Rolle mehr.

Wir nehmen die Fortschreitungsrichtung unserer ebenen Welle zur z-Achse und kennzeichnen ihr elektromagnetisches Feld durch die beiden Vektoren $\mathcal{E}$ und $\mathcal{H}$ und stellen diese durch den reellen Teil der folgenden Ausdrücke dar, mit Unterdrückung des hinzuzudenkenden Zeichens $\mathcal{R}_e$ auf der rechten Seite derselben.

$$\mathcal{E} = \vec{A} \cdot e^{i(kz-\omega t)} \tag{IV.1}$$

$$\mathcal{H} = \vec{A}' \cdot e^{i(kz-\omega t)} \tag{IV.1 a}$$

Es gilt $\qquad k = \sqrt{\varepsilon\mu}\,\omega = \dfrac{\omega}{v} = \dfrac{n\omega}{c}$ \hfill (IV.2)

    v: Phasengeschwindigkeit
    n: Brechungsindex des betreffenden Mediums
    k: Wellenzahl
    ω: $2\pi f$, f: Frequenz der Welle [Hz].

$\vec{A}$ ist eine von t unabhängige Konstante, die aber für die verschiedenen Komponenten von $\mathcal{E}$ verschiedene, im allgemeinen komplexe Werte hat. $\vec{A}'$ ist durch $\vec{A}$ mitbestimmt. Wenn $\vec{A}$ einen komplexen Wert annimmt, d.h., wenn $\mathcal{E}$ im allgemeinen Fall elliptisch polarisiert ist, kann man den $\mathcal{E}$-Vektor in der <u>Schwingungsebene</u> in zwei zueinander senkrechte Komponenten zerlegen. Ist also z die Ausbreitungsrichtung, dann entsprechen die beiden Komponenten in der Schwingungsebene der x- bzw. y-Achse eines kartesischen Koordinatensystems. Die x,y-Ebene ist also identisch mit der Schwingungsebene. Aus der WKB-Lösung [13] erhält man für den ordentlichen Strahl $\mathcal{E}_o$ und den außerordentlichen Strahl $\mathcal{E}_{ao}$ folgende Formeln:

$$\mathcal{E}_{ao} = \underbrace{A_{ao1} \cdot e^{i\varphi_{ao}}}_{\text{x-Komponente}} + \underbrace{i\,A_{ao2} \cdot e^{i\varphi_{ao}}}_{\text{y-Komponente}} \tag{IV.3}$$

$$\text{mit} \quad \varphi_{ao} = \frac{\omega}{c}\int n_{ao}\,ds - \omega t \tag{IV.3 a}$$

$$\mathcal{E}_o = A_{o1} \cdot e^{i\varphi_o} - i\,A_{o2} \cdot e^{i\varphi_o} \tag{IV.4}$$

$$\text{mit} \quad \varphi_o = \frac{\omega}{c}\int n_o\,ds - \omega t \tag{IV.4 a}$$

Diese beiden Formeln treffen für den oben diskutierten Fall auf der magnetischen Nordhalbkugel der Erde zu. Man kann jetzt die Beträge $|\mathcal{E}_r|_x$ und $|\mathcal{E}_r|_y$ der resultierenden Feldstärke für die x- und y-Achse der Schwingungsebene berechnen sowie ihre Phasen φ_{rx} und φ_{ry}.

Es gilt: $\quad |\mathcal{E}_r|_x = \sqrt{A_{o1}^2 + A_{ao1}^2 + 2A_{ao1}A_{o1}\cos(\varphi_{ao} - \varphi_o)}$ \hfill (IV.5)

$$\varphi_{rx} = \operatorname{arctg} \frac{A_{o1}\sin\varphi_o + A_{ao1}\sin\varphi_{ao}}{A_{o1}\cos\varphi_o + A_{ao1}\cos\varphi_{ao}} \tag{IV.6}$$

$$|\mathcal{E}_r|_y = \sqrt{A_{o2}^2 + A_{ao2}^2 - 2A_{ao2} A_{o2} \cos(\varphi_{ao} - \varphi_o)} \qquad (IV.7)$$

$$\varphi_{ry} = \arctg \frac{-A_{o2} \sin(\varphi_o + \pi/2) + A_{ao2} \sin(\varphi_{ao} + \pi/2)}{-A_{o2} \cos(\varphi_o + \pi/2) + A_{ao2} \cos(\varphi_{ao} + \pi/2)} \qquad (IV.8)$$

Setzt man näherungsweise $\frac{1}{2}(\int n_{ao} ds + \int n_o ds) = \int n ds$ \hfill (IV.9)

und setzt $\quad \frac{\varphi_{ao} - \varphi_o}{2} = \Omega$ \hfill (IV.10),

dann erhält man für den Fall der reinen longitudinalen Ausbreitung, wo die einfallende linear polarisierte Welle in zwei entgegengesetzt zirkular polarisierte Strahlen aufspaltet, wegen $A_{o1} = A_{o2} = A_{ao1} = A_{ao2}$ aus den obigen Formeln:

$$\mathcal{E}_{rx} = 2A_{o1} \cos \Omega \; \cos(\frac{\omega}{c} \int n ds - \omega t) \qquad (IV.5 \text{ a})$$

$$\mathcal{E}_{ry} = 2A_{o1} \sin \Omega \; \cos(\frac{\omega}{c} \int n ds - \omega t) \qquad (IV.7 \text{ a})$$

Wenn sich Ω von 0 auf π ändert, sieht man, daß die Feldstärken $\mathcal{E}_{rx}$ und $\mathcal{E}_{ry}$ einen entsprechenden Verlauf haben wie die Cosinus- bzw. Sinusfunktion in den Gleichungen (IV.5 a) und (IV.7 a). Wenn sich Ω um diesen Betrag ändert, haben die Feldstärken genau <u>eine</u> Fadingperiode Fp durchlaufen. Die Gleichungen geben die elektrischen Feldstärkevektoren längs der y- bzw. x-Achse der Schwingungsebene an. Auf Grund der Bewegung des Satelliten - Eigendrehung oder zeitliche Änderung der topozentrischen Koordinaten - bleibt nun die räumliche Lage dieser beiden Achsen bezüglich des am Beobachtungsort in der Horizontebene verwendeten Koordinatensystems zeitlich nicht konstant. Analoges gilt für das am Satelliten verwendete Koordinatensystem und für die Einfallsebene. Das führt dazu, daß $\cos \Omega \neq \cos \beta$ ist, wie im Kapitel (III.6) gezeigt wurde. Bislang wurde jedoch die Gültigkeit der Gleichungen (IV.5 a) und (IV.7 a) auch für den Beobachtungsort vorausgesetzt, ohne zu berücksichtigen, daß sie in dieser Form exakt nur für die Schwingungsebene gelten [14]. Auf Grund der eben genannten Gleichungen erscheint also die in die Ionosphäre einfallende linear polarisierte Welle nach dem Verlassen der Ionosphäre nur um den Winkel Ω gegen die ursprüngliche Polarisationsrichtung verdreht zu sein. Diese Drehung der Polarisationsebene nennt man den Faraday-Effekt der Ionosphäre.

Man kann nun zeigen, daß für jede <u>beliebige</u> Ausbreitungsrichtung der Welle zum Magnetfeld einer Änderung von Ω um π genau <u>eine</u> Fadingperiode entspricht; nur geht im Falle elliptischer Polarisation des ordentlichen und außerordentlichen Strahles die Feldstärke nicht wie in dem zirkularen Fall - IV.5 a und IV.7 a - vom Maximalwert auf Null zurück, sondern je nach Achsenverhältnis der Ellipsen stärker oder schwächer durch Minimalwerte. Die Amplitudendynamik während einer Änderung von Ω um π ist also für zwei entgegengesetzt zirkular polarisierte Strahlen am größten.

Setzt man in Gleichung (IV.10) die Werte für φ_{ao} und φ_o ein und berechnet für den Fall der longitudinalen Ausbreitung oder quasi longitudinalen Ausbreitung die Brechungsindizes n_o und n_{ao}, dann erhält man

$$\Omega_{QL} \approx \frac{K_{QL} \cdot \overline{M}}{f^2} \int_0^h N dh \qquad [\text{Radian}] \qquad (IV.10 \text{ a})$$

Für den Satelliten S-66 gilt diese Formel in einem großen Raumwinkelbereich um Lindau.

Die Näherung (IV.10 a) gilt sehr gut, wenn man für

$$\int n_{ao} ds - \int n_o ds = \int (n_{ao} - n_o) ds \quad \text{setzen kann und für} \quad dr = dh \cdot \sec \varkappa .$$

    $\varkappa$: Zenitdistanz der Wellennormalen,   dr: Wegelement,
    h : Höhe des Satelliten über der Erdoberfläche, $\overline{M}$: Mittelwert,
    $\overline{M} = \overline{H \cdot \cos \Theta \cdot \sec \varkappa}$,   H: Stärke des Erdmagnetfeldes,
    Θ : Winkel zwischen der Wellennormalen und der Magnetfeldrichtung,
    f : Frequenz der Welle [Hz], $K_{QL} = 2{,}97 \cdot 10^{-2}$ MKS-Einheiten,
    N : Anzahl der Elektronen/m^3. Längenangaben in Meter.

Eine ähnliche Formel kann man auch für den Fall der transversalen Ausbreitung ableiten, wenn man die entsprechenden Brechungsindizes n_o und n_{ao} berechnet.

Wenn man die Drehung Ω_{QL} messen kann, ist es möglich, den Elektroneninhalt $\int N dh$ einer Einheitssäule von 1 m^2 Querschnitt und einer Länge h zu berechnen. Diese Berechnung ist schon Gegenstand sehr vieler Arbeiten gewesen [15], [16] und soll hier nicht weiter betrachtet werden, sondern nur eine andere Auswertemethode, die Aussagen erlaubt über das Auftreten von Horizontalgradienten der Elektronenkonzentration in der Ionosphäre.

Für den Fall des Satelliten S-66 ist für unseren Beobachtungsort Lindau $\overline{M}$ in Gleichung (IV.10 a) eine monoton wachsende bzw. monoton fallende Funktion, je nachdem, ob es sich um einen Nord-Süd-Äquatordurchgang oder Süd-Nord-Äquatordurchgang des Satelliten handelt. Bleibt $d/dt(\int N dh) \equiv$ const während des Beobachtungszeitraumes, dann erhält man aus (IV.10 a)

$$\Omega_{QL}(t) \sim \overline{M}(t) \qquad (IV.11)$$

Zur Zeit t_1, wenn auf dem Registrierstreifen - Bild 2 und 3 - das erste Fadingminimum auftritt, hat sich die Polarisationsebene der elektromagnetischen Welle in der Ionosphäre bereits um $\Omega_1 = \pi x_1$ gedreht, wobei x_1 eine reelle Zahl ist. Zur Zeit t_2, - $t_1 < t_2$ -, wenn das zweite Minimum gemessen wird, gilt: $\Omega_2 = \pi x_2$. Am Beobachtungsort kann man mit der vorhin beschriebenen Meßanordnung nicht Ω_1 und Ω_2 absolut messen, sondern nur $|\Delta \Omega| = |\Omega_2 - \Omega_1|$.   (IV.12).

Es ist dabei zu bemerken, daß im allgemeinen $\Delta \beta$ und nicht $\Delta \Omega$ gemessen wird. Läßt man bei der Auswertung der Registrierungen des S-66 20 % Fehler zu, dann kann man für alle Durchgänge näherungsweise $\Delta \Omega = \Delta \beta$ setzen. Aus (IV.12) folgt dann

$$|\Delta \Omega| = \pi \qquad (IV.12\ a).$$

Durch Differentiation erhält man aus (IV.10 a) diejenige Funktion, die man in Wirklichkeit registriert.

$$\frac{|d \Omega_{QL}|}{dt} = \left| \frac{d}{dt}(\overline{M}) \cdot \frac{K_{QL}}{f^2} \int N dh + \frac{\overline{M} \cdot K_{QL}}{f^2} \cdot \frac{d}{dt} \int N dh \right| \qquad (IV.13)$$

Immer dann, wenn man überhaupt Fadingperioden registriert, gilt

$$\frac{|d \Omega_{QL}|}{dt} > 0 \qquad (IV.13\ a)$$

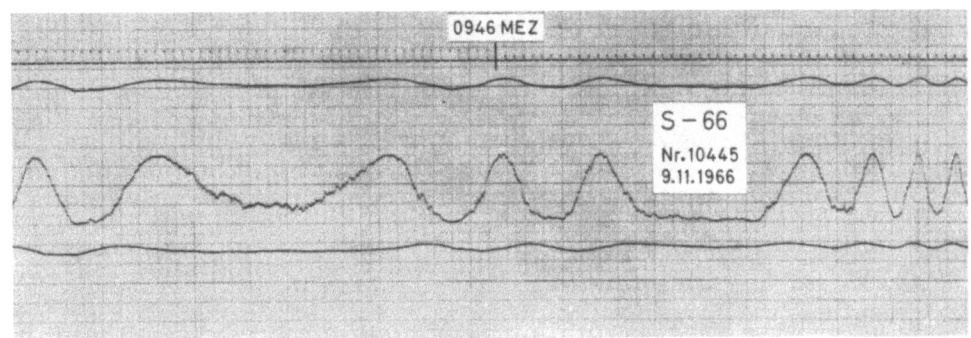

Bild 17: Registrierung des Faraday-Effektes der Ionosphäre mit gleichzeitigem Auftreten von Horizontalgradienten (Zeitintervall wie bei Bild 18).

Bild 17 zeigt, wie sich gemäß Gleichung (IV.13) das Auftreten von Horizontalgradienten bemerkbar macht. Ganz im Gegensatz zu Bild 2 und 3 sind hier unregelmäßig lange Fadingperioden aufgetreten. Zum Registrieren wurde der Übersichtsschreiber mit 5 mm Papiervorschub pro Sekunde benutzt.

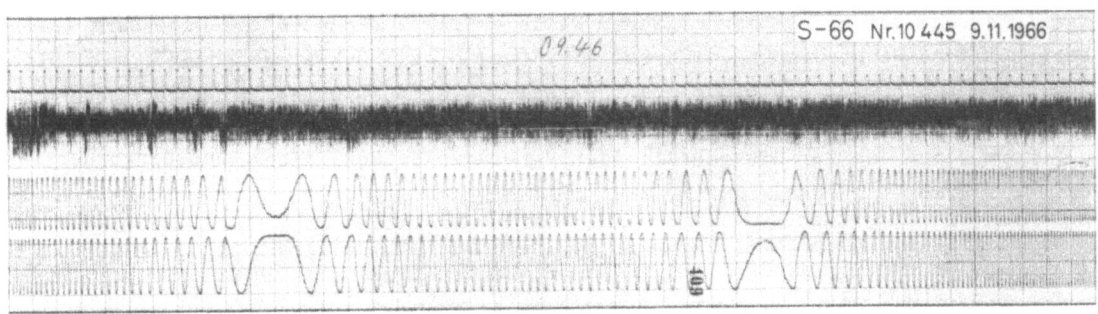

Bild 18: Differenz-Doppler-Registrierung mit Auftreten von Horizontalgradienten

Bild 18 zeigt zum Vergleich die Registrierung des Differenz-Doppler-Effektes [18], und zwar für den gleichen Satellitendurchgang und für das gleiche Zeitintervall. Man sieht, daß zu jeder der beiden Dehnungen auf der Faraday-Registrierung genau eine Umkehr des Phasenweges auf der Differenz-Doppler-Registrierung gehört. Es wurde ebenfalls mit einem Papiervorschub von 5 mm/sec. registriert. Kanal 3 und 4 zeigen die gleiche Information. Einmal wird der Sinus, das andere Mal der Cosinus der Phasenwegänderung geschrieben.

Für den Fall, daß keine Horizontalgradienten auftreten, bleibt bei der speziellen Umlaufbahn des S-66 der Anteil des zweiten Terms der Gleichung (IV.13) immer kleiner als 10^{-6} [Radian pro Minute]. Der erste Term liegt zwischen $0,1\pi$ und 30π [Radian pro Minute], so daß der zweite vernachlässigt werden kann. Man müßte also, um Ω_{QL} zu berechnen, die Gleichung (IV.13) durch Integration lösen. Da man nur das unbestimmte Integral bilden kann, erhält man selbst bei Vernachlässigung des zweiten Terms Ω_{QL} nur bis auf eine Integrationskonstante. Man kann jedoch eine Lösung finden, wenn man von den Differentialquotienten d/dt zu den Differenzenquotienten $\Delta/\Delta t$ übergehen darf. Die dadurch entstehenden Fehler werden in [15] diskutiert.

IV.1 - 38 -

b) Keine Horizontalgradienten und $\Delta\beta = \Delta\Omega$

Aus den Gleichungen (IV.10 a) und (IV.13) erhält man

$$f(t) = \Omega(t_n) - \Omega(t_1) \sim \overline{M}(t_n) - \overline{M}(t_1) = \Delta \overline{M}_n \qquad (IV.14)$$

$$f_1(t) = \frac{f(t)}{\pi} = \frac{\Delta \Omega_n}{\pi} \sim \frac{\Delta \overline{M}_n}{\pi} \qquad (IV.15)$$

t_1: Zeitpunkt des 1. Fadingminimums
t_n: Zeitpunkt des n-ten Fadingminimums, $t_1 < t_n$

Zu diesen n Zeitwerten gehören folgende n Funktionswerte bei einem NS-Durchgang des S-66:

$$f_1(t_1) = 1, \quad f_1(t_2) = 2, \quad f_1(t_n) = n \qquad (IV.16)$$

Bei einem SN-Durchgang aber erhält man folgende Werte:

$$f_1(t_1) = -1, \quad f_1(t_2) = -2, \quad f_1(t_n) = -n \qquad (IV.16\ a)$$

Da auf der magnetischen Nordhalbkugel der Erde eine resultierende Rechtsdrehung der Polarisationsebene der elektromagnetischen Welle erfolgt, bedeutet die Gleichung (IV.16) eine zusätzliche Rechtsdrehung, während (IV.16 a) eine "Rückwärtsdrehung", d.h. eine Linksdrehung beschreibt. Verbindet man je zwei der n Funktionswerte durch eine Gerade, dann erhält man einen Kurvenzug $f_{1K}(t)$. Während den n Punkten echte physikalische Bedeutung zukommt, muß das für die geradlinigen Verbindungsstücke nicht unbedingt der Fall sein.

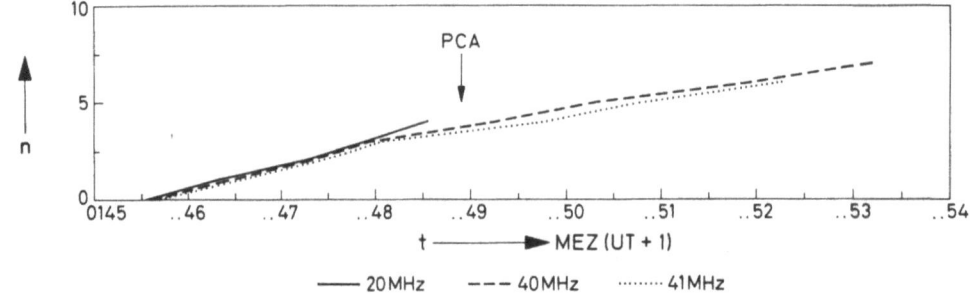

Bild 19: Kurvenzug $f_{1K}(t)$

Bild 19 zeigt für den Umlauf Nr. 6511 des Satelliten S-66 - es handelt sich um einen NS-Durchgang - $f_{1K}(t)$ als Funktion der Zeit, und zwar für die Satellitensendefrequenzen 20 MHz, 40 MHz und 41 MHz. Diese Darstellung entspricht nur bei sehr regelmäßigen Registrierungen den physikalischen Gegebenheiten, kann aber bei allgemeinen Registrierungen völlig falsch sein. Dies wird im Folgenden gezeigt werden. Wir bilden aus den wirklich registrierten Fadingperioden und aus (IV.14) die Funktion $f^*(t)$.

$$f^*(t) = \frac{f(t)}{\Delta t} = \frac{|\Delta\Omega|}{\Delta t} \sim \frac{|\Delta \overline{M}|}{\Delta t} \qquad (IV.17)$$

Dies gilt für jedes endliche Zeitintervall Δt. Wir wählen jetzt folgende n-1 Zeitintervalle aus: $t_2 - t_1 = \Delta t_1$, $t_3 - t_2 = \Delta t_2$ ..., $t_n - t_{n-1}$ und bestimmen zu diesen Intervallen die n-1 Funktionswerte $f^*(t)$. Wie für $f_1(t)$ bildet man $f^*_K(t)$.

b1) NS-Äquatordurchgänge des Satelliten S-66

Pro Zeiteinheit gilt in Lindau

$$\Delta \bar{M}_1 \leqq \Delta \bar{M}_2, \quad \Delta \bar{M} > 0 \tag{IV.18}$$

bei wachsender Zeit.
$\bar{M}$ und $\Delta \bar{M}$ werden aus einer Normalfeldentwicklung des Erdmagnetfeldes und einem Satellitenbahnrechnungsprogramm bestimmt. (IV.17) und (IV.18) implizieren

$$f^*(\Delta t_1) = \frac{\pi}{\Delta t_1} \leqq f^*(\Delta t_2) = \frac{\pi}{\Delta t_2} \tag{IV.19}$$

Mit wachsender Zeit nimmt also die Drehgeschwindigkeit der Polarisationsebene zu.

b2) SN-Äquatordurchgänge des Satelliten S-66

Analog wie oben findet man:

$$\Delta \bar{M}_1 \leqq \Delta \bar{M}_2, \quad \Delta \bar{M} < 0 \ . \tag{IV.20}$$

Da $|\Delta \Omega|$ registriert wird, muß man auch $|\Delta M|$ betrachten. Es gilt

$$|\Delta \bar{M}_1| \geqq |\Delta \bar{M}_2|, |\Delta \bar{M}| > 0 \ . \tag{IV.20 a}$$

Es wird dann

$$f^*(\Delta t_1) = \frac{\pi}{\Delta t_1} \geqq f^*(\Delta t_2) = \frac{\pi}{\Delta t_2} \tag{IV.21}$$

Die Drehgeschwindigkeit nimmt also ab.
Sowohl die Gleichung (IV.19) als auch (IV.21) wurde durch Registrierungen des S-66 bestätigt.

b3) Zeichnerische Darstellung

Da Δt ein endliches Intervall ist, kann man auch $F = 1/f^*(t)$ bilden. F wurde deshalb gebildet, da man bei der Auswertung der Registrierungen auf diese Weise viel Zeit sparen konnte.
Für NS-Durchgänge erhält man:

$$\frac{\Delta t_1}{\pi} = F(t_1) \geqq F(t_2) = \frac{\Delta t_2}{\pi} \tag{IV.22}$$

Für SN-Durchgänge erhält man:

$$\frac{\Delta t_1}{\pi} = F(t_1) \leqq F(t_2) = \frac{\Delta t_2}{\pi} \tag{IV.23}$$

Man kann diese n-1 Funktionswerte F(t) wieder zu einem Kurvenzug $F_K(t)$ verbinden, wobei die Bemerkungen zu $f_{1K}(t)$ auch hier zutreffen.

Ohne Horizontalgradienten und für $\Delta \Omega = \Delta \beta$ gilt also für den S-66 in Lindau bei einem NS-Durchgang

$$\underline{F_K(t_1) \geqq F_K(t_2) \text{ und } f_{1K}(t_1) \leqq f_{1K}(t_2)} \tag{IV.24},$$

bei einem SN-Durchgang

$$\underline{F_K(t_1) \leqq F_K(t_2) \text{ und } f_{1K}(t_1) \geqq f_{1K}(t_2)} \tag{IV.25}.$$

IV.1   - 40 -

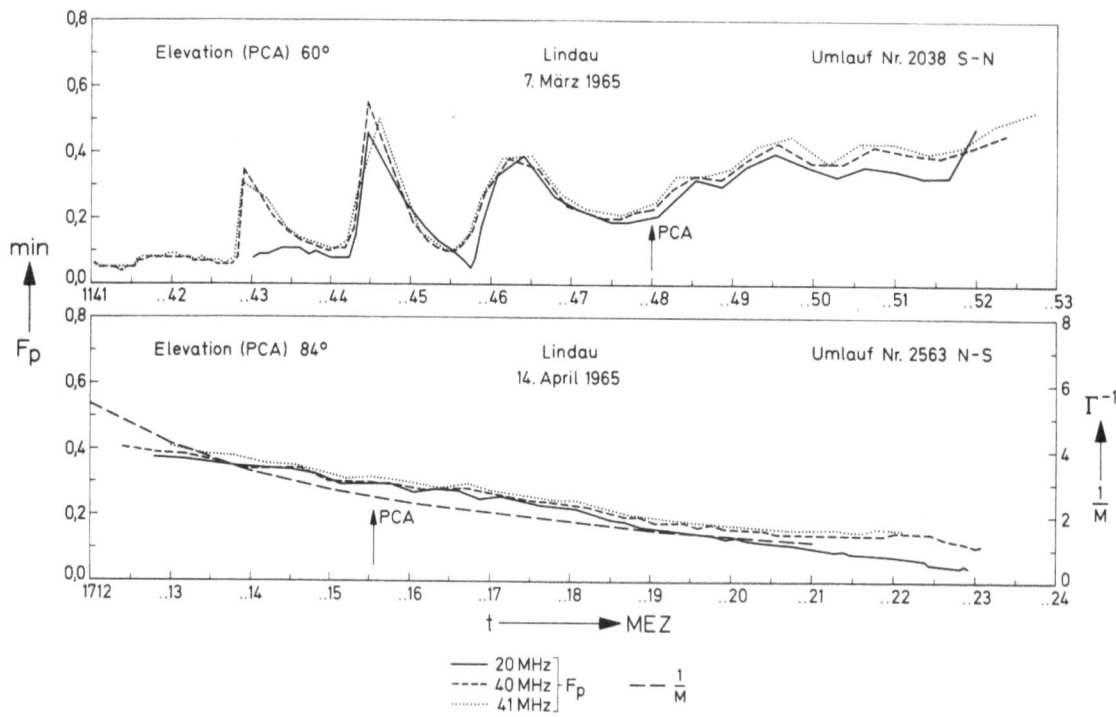

Bild 20: Kurvenzüge $F_K(t)$ für 20 MHz, 40 MHz und 41 MHz für gestörte (oben) und ungestörte (unten) Ionosphäre

Bild 20 zeigt nun $F_K(t)$ für den Umlauf Nr. 2038 des Satelliten S-66, einen SN-Durchgang. Außerdem ist $F_K(t)$ für den NS-Durchgang 2563 gezeichnet worden. Während bei dem Durchgang 2038 die Ionosphäre starke Störungen zeigte - Gleichung (IV.25) gilt nicht für den gesamten Durchlauf - war beim Durchgang 2563 die Ionosphäre fast ungestört, so daß während des gesamten Zeitintervalles der Registrierung (IV.24) erfüllt war.

Im oberen Teil des Bildes 21 ist für den Umlauf Nr. 6511, einen NS-Durchgang, $F_K(t)$ dargestellt. Es gilt $F_K(t_1) < F_K(t_2)$ statt $F_K(t_1) \geq F_K(t_2)$, d.h., unsere Voraussetzung, daß keine Horizontalgradienten auftreten, ist nicht mehr erfüllt (IV.24). Es treten also starke Gradienten in der Ionosphäre auf.

Der untere Teil des Bildes zeigt den Kurvenzug $f_{1K}(t)$ für diesen Durchgang. Da man $f_{1K}(t)$ in dieser Form nur zeichnen kann, wenn man voraussetzt, daß keine Gradienten auftreten, ist in diesem Fall $f_{1K}(t)$ unter völlig falschen Voraussetzungen entstanden, d.h., der Verlauf dieses Kurvenzuges ist falsch. Obwohl von vielen Autoren nur die Darstellung $f_{1K}(t)$ benutzt wird [12], kann man im allgemeinen nur durch zusätzliches Zeichnen des Kurvenzuges $F_K(t)$ feststellen, ob $f_{1K}(t)$ der physikalischen Realität entspricht oder nicht.

Die Darstellung der Funktion $f_{1K}(t)$ würde immer dann sehr sinnvoll sein, wenn man auf Grund der Messung entscheiden könnte, ob die Polarisationsebene um $+\pi$ oder $-\pi$ gedreht wurde, d.h., wenn man $\Delta\Omega$ statt $|\Delta\Omega|$ messen könnte. Man müßte mit einer elektronischen Anlage die Drehrichtung der Polarisationsebene messen. Dazu benötigte man z.B. ein sog. "Polarization-Follower-System" [17].

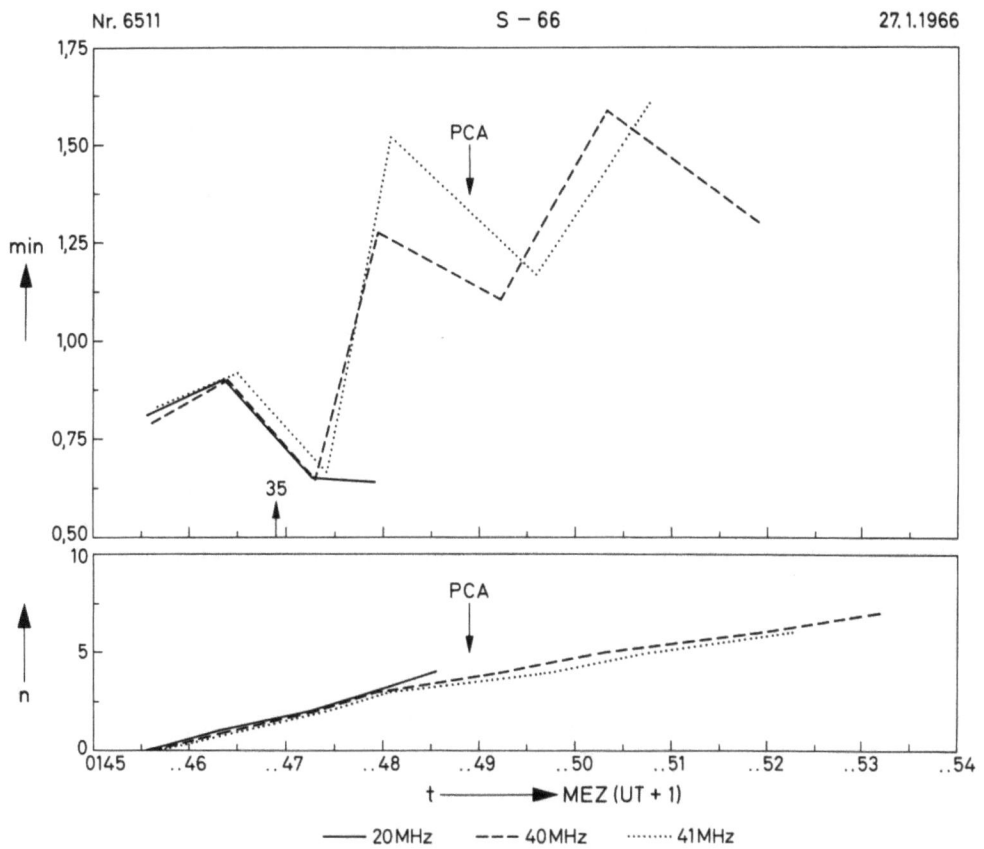

Bild 21: Kurvenzüge $F_K(t)$ und $f_{1K}(t)$ für gestörte Ionosphäre

c) Auftreten von Horizontalgradienten

Man kann jetzt den zweiten Term in der Gleichung (IV.13) nicht mehr vernachlässigen. Analog wie im Abschnitt a) bildet man aus (IV.13) die Funktion $H(t)$ und $H_K(t)$.

$$H_K = \frac{\Delta t}{|\pi|} = \frac{1}{\left|\frac{\Delta \overline{M}}{\Delta t} \overline{a} + \frac{\overline{M}^* \cdot K_{QL}}{f^2} \frac{\Delta \int Ndh}{\Delta t}\right|} \qquad (IV.26)$$

Wenn $\Delta \int Ndh \equiv 0$ ist, geht H_K in F_K über.

$\overline{a}$: Mittelwert von $a = \frac{K_{QL}}{f^2} \cdot \int Ndh$ in dem Zeitintervall Δt.

$\overline{M}$: Mittelwert von $\overline{M}$ im Zeitintervall Δt.

Für kleine Δt gilt $\quad \overline{a} \approx \frac{a_1 + a_2}{2}, \quad \overline{M}^* = \frac{\overline{M}_1 + \overline{M}_2}{2}$

a_1, $\overline{M}_1$ zur Zeit t_1, $\quad a_2$, $\overline{M}_2$ zur Zeit t_2.

Je nachdem ob jetzt der Nenner der Gleichung (IV.26) für das Zeitintervall Δt_1 größer oder kleiner ist als für Δt_2, wird $H_K(t_1)$ kleiner oder größer sein als $H_K(t_2)$. Da im Nenner jetzt mehrere Variablen stehen, ist man jedoch ohne Kenntnis des einen oder anderen Parameters nicht in der Lage, aus den Ungleichungen $H_K(t_1)$ größer oder kleiner als

$H_K(t_2)$ irgendwelche Aussagen zu machen über die absolute Größe der Horizontalgradienten.

Wenn $H_K(t)$ während des gesamten Durchganges den Ungleichungen (IV.24) oder (IV.25) gehorcht und damit monoton fällt oder monoton wächst, sind praktisch keine Gradienten vorhanden. Ist dies nicht der Fall, dann sind Gradienten vorhanden. $H_K(t)$ läßt also nur das Phänomen als solches erkennen. Will man aus der Registrierung des Faraday-Effektes auf die Absolutwerte der Gradienten schließen, dann muß man die Drehrichtung $\Delta\Omega$ mit einem "Polarization-Follower-System" messen und für einen einzigen Zeitpunkt den Absolutwert der Drehung Ω kennen. Das bedeutet aber nichts anderes als eine relativ genaue Bestimmung von $\int Ndh$ aus dem Faraday-Effekt [16] oder aus dem Differenz-Doppler-Effekt [18].

d) Ergebnisse der Auswertungen

Für 228 Registrierungen wurden die Funktionen $H_K(t)$ gezeichnet. Sowohl die Bahngeometrie als auch die Tageszeit und Jahreszeit stecken als Parameter in den Kurven. Alle drei Größen variieren bei unseren Registrierungen unabhängig voneinander. Teilt man die gesamten Registrierungen der letzten zwei Jahre in Gruppen, und zwar so, daß innerhalb der einzelnen Gruppen alle 3 Parameter konstant bleiben, dann übersteigt die Anzahl der Registrierungen pro Gruppe niemals die Zahl 10. Mit 10 Werten kann man natürlich keine Statistik betreiben. Man müßte dann durch zusätzliche, teilweise recht einschneidende Annahmen mehrere Gruppen zu einer zusammenfassen. Vom phänomenologischen Standpunkt aus war es interessant, folgende Vergleiche durchzuführen:

1) Vergleiche zwischen Kurven $H_K(t)$ mit gleicher Bahngeometrie
2) " " " " " " Tageszeit
3) " " " " " " Jahreszeit.

Es zeigt sich, daß innerhalb dieser 3 Klassen große Unterschiede zwischen den Kurven $H_K(t)$ auftreten.

Zu 76 Kurven $H_K(t)$ wurden noch die Kurven $f_{1K}(t)$ gezeichnet, und zwar für nahezu alle vorkommenden Tageszeiten. Bei fast 40 % aller Darstellungen hat $f_{1K}(t)$ teilweise oder ganz der physikalischen Realität widersprochen. Die 228 Kurven $H_K(t)$ wurden in 3 Klassen eingeteilt.

I. Ungestörte Registrierungen; $H_K(t)$ monoton fallend oder steigend und Gültigkeit von (IV.24) oder (IV.25); Bild 20, Umlauf Nr. 2563.
II. Gestörte Registrierungen; a) $H_K(t)$ zeigt während mehr als 6 Minuten Abweichungen von mehr als 10 % vom Normalverlauf, b) $H_K(t)$ zeigt während weniger als 3 Minuten mehr als 20 %, aber weniger als 100 % Abweichungen vom Normalverlauf; Bild 20, Umlauf Nr. 2038.
III. Stark gestörte Registrierungen; alle Kurven, die nicht in I oder II einzuordnen sind; Bild 21, Umlauf Nr. 6511.

In die Klasse I fielen 52 Registrierungen, in die Klasse II 107 und in die Klasse III 69. 60 % dieser ausgewerteten Registrierungen zeigten diese Gradienten erst bei Elevationswinkeln kleiner als 45°. In fast 90 % der Fälle, wenn die Kp-Kennziffer Werte ≥ 4 annahm, fielen die Registrierungen in die Klassen II und III. Da aus Zeitgründen nicht das Material von 24 Monaten ausgewertet werden konnte, wurden willkürlich drei Monate ausgesucht. Aus diesem Grund war es nicht sinnvoll, innerhalb der einzelnen drei Klassen noch eine zeitliche Ordnung der Kurven $H_K(t)$ vorzunehmen.

d1) Besondere Meßprogramme

Vom 11.4.1965 bis 26.4.1965 wurde ein gemeinsames Meßprogramm mit der Sternwarte der Stadt Bochum durchgeführt. Mit genau gleichen Meßanordnungen wurde in Bochum, in Lindau und auf dem "Niederhorn" in der Schweiz der Faraday-Effekt der Ionosphäre gemessen. Von 41 Umläufen des Satelliten S-66 konnten die Funktionen $H_K(t)$ für alle drei Stationen gezeichnet werden. Verglichen wurden dann die Kurven in den Zeitintervallen, in denen der Satellit an allen 3 Stationen gleichzeitig registriert wurde. Es zeigte sich, daß die zu einem Umlauf gehörenden 3 Funktionen $H_K(t)$ - in den eben erwähnten Zeitintervallen - jeweils in dieselbe Klasse fielen. Kleinere Details, in denen sich die Kurven unterscheiden, lassen sich jedoch nicht mit irgendwelchen Zahlenwerten ausdrücken. Während der Meßperiode ist also das "Großverhalten" der Ionosphäre an diesen drei Meßorten sehr ähnlich gewesen.

Ein Vergleich zwischen 38 ausgewerteten Nachtregistrierungen aus Bochum und Lindau zeigte das gleiche Ergebnis.

Die 4 Registrierungen des Faraday-Effektes der Ionosphäre, die am 20.5.1966 zwischen 7.50 Uhr MEZ und 13.26 Uhr MEZ durchgeführt wurden, zeigen einen vollkommen normalen Verlauf, d.h., die ringförmige Sonnenfinsternis macht sich auf diesen Registrierungen nicht bemerkbar.

e) Abschlußbemerkung

Wenn man auch bei dem Stand der derzeitigen Messungen und Auswertungen noch keine Aussagen über die absolute Größe der Horizontalgradienten machen kann, so ist zumindest vom phänomenologischen Standpunkt aus ein "Schnitt durch die Ionosphäre", wie er während eines Satellitendurchganges von der elektromagnetischen Welle ausgeführt wird, recht interessant. Man kann auf alle Fälle die häufig benutzten, idealisierten Modellvorstellungen von der Ionosphäre auf ihre Gültigkeit untersuchen. Hat man zu diesen Auswertungen noch Meßdaten, die mit herkömmlichen Meßmethoden - Ionosonden usw. - gewonnen wurden, oder Ergebnisse von anderen Satellitenmessungen zur Verfügung, dann kann man von der Phänomenologie zu einer besseren physikalischen Interpretation übergehen. Letzteres wird bei uns z.B. dadurch versucht, daß man die Auswertungen der Satellitenregistrierungen von zwei Beobachtungsorten miteinander vergleicht, die während eines kurzen Zeitraumes eines Satellitendurchganges in der Satellitenbahnebene liegen. Für einen ganz bestimmten SN-Durchgang des S-66 gilt diese Bedingung für die Beobachtungsstation in Lindau und die nordfinnische Universitätsstadt Oulu. Seit einiger Zeit läuft deshalb in Zusammenarbeit mit der Finnischen Akademie der Wissenschaften ein gemeinsames Satelliten-Meßprogramm.

2. Satellitenszintillationen

Neben dem regelmäßigen Faraday-Fading, das Fadingperioden von 1 Sekunde bis zu mehreren Minuten zeigt, je nach Meßfrequenz und Ionosphärenzustand, findet man auf vielen Registrierungen noch ein sehr viel schnelleres unregelmäßiges Fading von 2 Hz bis etwa 50 Hz. Diese Unregelmäßigkeiten der Amplitude entstehen durch Beugung der elektromagnetischen Welle an räumlichen Inhomogenitäten in der Ionosphäre. Ähnliche unregelmäßige Intensitätsänderungen werden bei Radiosignalen von kosmischen Radioquellen beobachtet. Man schreibt sie der gleichen Ursache zu und nennt sie "Radio-Quellen-Szintillationen".

Analog bezeichnet man die bei Satelliten beobachteten Fadings "Satellitenszintillationen". Mehrere Autoren haben schon diese Satellitenszintillationen mit dem Auftreten von Radio-Quellen-Szintillationen verglichen [19].

Bild 22 zeigt in einem Zeitintervall von 2 Minuten typische Satellitenszintillationen. Das vorher und nachher gut zu erkennende Faraday-Fading ist in diesem Bereich völlig verdeckt. Die Länge der Zeitintervalle, in denen Szintillationen gemessen wurden, schwankt zwischen 30 Sekunden und 13 Minuten. Auf einigen Registrierungen treten diese Szintillationen bis zu dreimal auf, und zwar in kurzen Zeitintervallen, die plötzlich zwischen dem normalen Faraday-Fading auftreten.

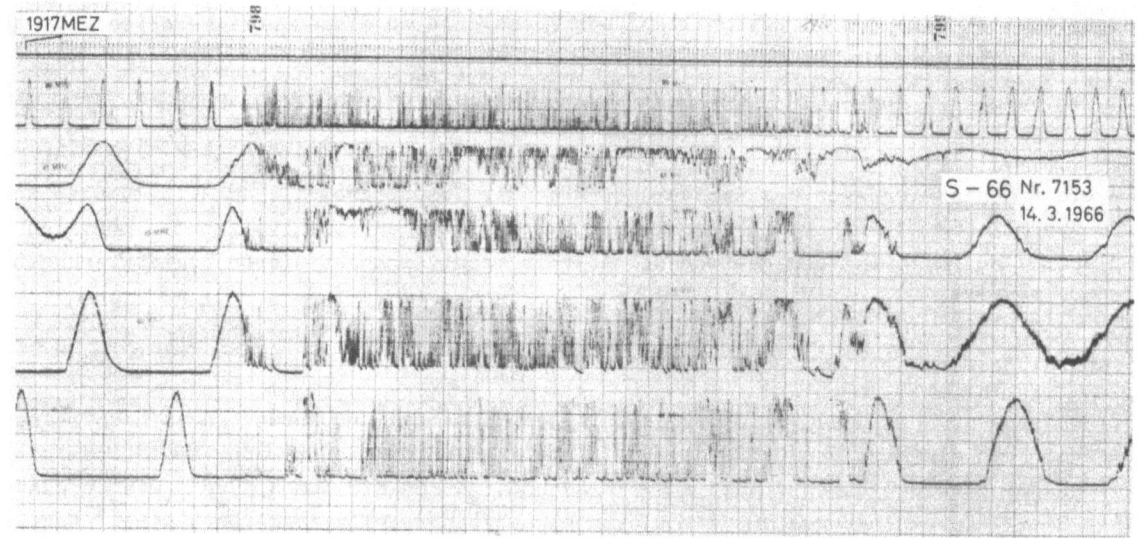

Bild 22: Satellitenszintillationen. Meßanordnung wie bei Bild 2

Bild 23 zeigt für den gleichen Satellitendurchgang und das gleiche Zeitintervall die Registrierung des Differenz-Doppler-Effektes. Die Satellitenszintillationen machen sich hier durch starke Phasenwegschwankungen bemerkbar.

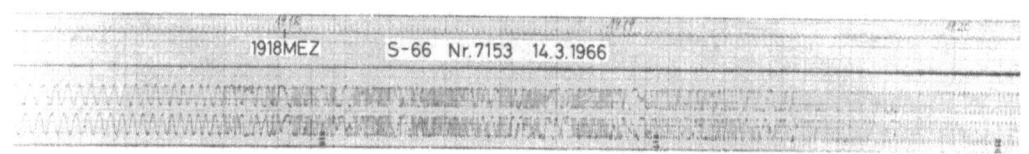

Bild 23: Satellitenszintillationen beim Differenz-Doppler-Effekt [18]

Betrachtet man die Ionosphäre als reinen Phasenschirm, wobei man sich ihre Wirkung auf eine mittlere Höhe konzentriert denkt, dann kann man die zeitliche Autokorrelationsfunktion der Empfangsfeldstärke in eine einfache Beziehung setzen zu der räumlichen Autokorrelationsfunktion am Beugungsschirm. Es muß dann nur noch die Autokorrelationsfunktion eines Phasenschirmes untersucht werden. Dies geschieht z.B. in [20]. Eine Verarbeitung der Registrierungen auf diese Weise wurde jedoch nicht durchgeführt, da keine zusätzlichen Meßdaten zur Verfügung standen, mit denen man die in dieser Auswertemethode steckenden Annahmen auf ihre Realität prüfen konnte. Es wurden sämtliche Amplitudenregistrierungen vom 28.11.1965 bis 30.11.1966 ausgewertet, und zwar wurden nur die

Registrierungen benutzt, bei denen auf 40 MHz und 41 MHz Szintillationen auftraten. Damit wird der Einfluß von terrestrischen Störsignalen weitgehend ausgeschaltet. Bei 1200 gut auswertbaren Registrierungen zeigten 302 Registrierungen Satellitenszintillationen. Die Maximalzeit, während der bei einem Durchgang gute Registrierungen erhalten werden konnten, lag bei 14 Minuten.

Die Störzentren, von denen die Szintillationen verursacht werden, liegen irgendwo auf dem Strahlweg zwischen Satellit und Beobachtungsort. Da man das Azimut und den Elevationswinkel, unter dem man den Satelliten optisch beobachten kann, sehr genau bestimmen kann, benötigt man zusätzlich noch eine recht genaue Laufzeitmessung eines von diesem Störzentrum reflektierten Impulses, um das Zentrum räumlich genau lokalisieren zu können.

Die 1200 Registrierungen wurden in drei Klassen eingeteilt:

I. Klasse 0; alle Registrierungen, die keinerlei Satellitenszintillationen zeigten. In diese Klasse gehören 898 Registrierungen.
II. Klasse 1; alle Registrierungen, bei denen auf Grund der Szintillationen die kurzzeitigen Variationen der Amplitudenspitzenwerte ≤ 3 dB sind. In diese Klasse gehören 118.
III. Klasse 2; alle Registrierungen, bei denen auf Grund der Szintillationen die kurzzeitigen Variationen der Amplitudenspitzenwerte > 3 dB sind. In diese Klasse gehören 184 Registrierungen.

Die Aufteilung in die Klassen 1 und 2 wurde so gewählt, daß nur die relativen Amplitudenschwankungen ausgewertet werden mußten, nicht jedoch die Absolutwerte, die ja recht kompliziert von vielen Parametern beeinflußt werden. Die Registrierungen, bei denen während des Durchlaufes des Satelliten zweimal getrennt voneinander Szintillationen auftraten, wobei die Klasse 1 über einen längeren Zeitraum auftrat als die Klasse 2, wurden zur Klasse 1 gerechnet, ebenso umgekehrt. 8 Registrierungen, bei denen beide Klassen gleich lang auftraten, blieben bei der Aufteilung unberücksichtigt.

Im folgenden soll eine zeitliche und räumliche Ordnung der auftretenden Satellitenszintillationen durchgeführt werden. Wegen der dabei entstehenden Probleme, die im vorigen Kapitel erwähnt wurden, wird allerdings auf eine genauere physikalische Interpretation verzichtet.

a) Dauer der Satellitenszintillationen

Zeitdauer t	Zahl der Registrierungen
30 Sek. $\leq$ t < 1 Minute	19
1 $\leq$ t < 5 Minuten	174
5 $\leq$ t < 10 Minuten	109
10 $\leq$ t < 14 Minuten	10

b) Zeit des Auftretens

	Zahl der Registr. der Klasse 1	Zahl der Registr. der Klasse 2
zwischen		
1.00 bis 9.00 MEZ	68	41
9.00 " 17.00 "	15	4
17.00 " 1.00 "	74	94

6 Registrierungen, bei denen während des Durchganges die Szintillationen zu zwei
Zeitintervallen gehörten, blieben unberücksichtigt.

c) Azimutwinkelbereich

	zwischen SW → NW	zwischen NW → NO	zwischen NO → SO	zwischen SO → SW
Zahl der Registr.	60	65	55	49

Bei 92 Registrierungen erstreckte sich der Azimutwinkelbereich über mehr als 90° Azimut. 19 Szintillationsregistrierungen wurden doppelt gezählt, da sie jeweils gleichviel in zwei Bereiche fielen.

d) Elevationswinkelbereich

Hier wurden keine Untersuchungen durchgeführt, da sie wegen der sich dauernd ändernden Bahngeometrie des Satelliten sehr viel weniger aussagekräftig sind als die unter c) durchgeführten Untersuchungen.

e) Vergleiche mit Ionosondenmessungen

e1) Vertikallotung

Es wurden die Registrierungen herausgesucht, die im unmittelbaren Zenitbereich
- El $\geq$ 85° - Szintillationen zeigten, und mit den ausgewerteten Ionogrammen verglichen.
Die folgende Tabelle gibt die Ergebnisse an:

Umlauf Nr.	Datum	Zeit (MEZ)	Klasse der Szintillation	F	Es (MHz)	Kp
5918	14.12.65	21.30	2	stark	3,6	1+
6347	15. 1.66	3.20	1	stark	2,4	2o
6388	18. 1.66	3.00	1	mittel	2,7	0+
7112	11. 3.66	19.35	2	-	-	2-
7153	14. 3.66	19.20	2	-	2,0	2+
8131	24. 5.66	23.15	2	mittel	2,0	1o
8295	5. 6.66	21.50	2	mittel	3,1	1-
8765	10. 7.66	3.10	2	stark	4,9	4+
8806	13. 7.66	2.45	2	stark	3,3	1o
8847	16. 7.66	2.20	2	stark	7,2	1+
8929	22. 7.66	1.40	2	stark	-	4o
9060	31. 7.66	13.50	1	-	7,8	1o
9907	1.10.66	5.30	1	mittel	3,1	-
10631	23.11.66	22.15	1	sehr gering	-	-

Diese 14 Registrierungen, bei denen die Vergleiche durchgeführt werden konnten, stellen etwas mehr als 1 % der Gesamtzahl der ausgewerteten Registrierungen dar. Wenn man bei so wenigen Meßwerten überhaupt eine Aussage wagen kann, dann sicherlich diese: "Es scheint keine eindeutige Korrelation zu bestehen zwischen dem Auftreten von Satellitenszintillationen und dem Auftreten von F _oder_ Es auf den Ionogrammen". Wie man auch erwarten sollte, genügt also offensichtlich das Auftreten von Es oder F allein, um Szintillationen zu verursachen. Darüber hinaus scheint man aber auch noch Störungen oberhalb des Reflexionsniveaus der F-Schicht mit dieser Meßmethode zu erfassen, wie man aus den beiden Umläufen 7112 und 10631 des Satelliten S-66 ersieht. Bei dem Umlauf 7112 war

trotz starker Satellitenszintillationen weder F noch Es vorhanden und bei dem Umlauf 10631 nur sehr geringes F.

e2) Schräglotung

Es wurden 41 Registrierungen herausgefunden, bei denen die Szintillationen in einem Raumwinkelbereich auftraten, der in guter Näherung dem der Hauptkeule der Rhombusantenne der Backscatteranlage entsprach. Zu diesem Zweck wurde auf den beiden Außenstellen des Instituts ein gemeinsames Meßprogramm von Februar 1966 bis August 1966 durchgeführt und ausgewertet. Das gemeinsame Meßprogramm läuft auch heute noch, die 41 Szintillationsregistrierungen stammen aber aus dem eben erwähnten Zeitintervall, 26 gehören davon in die Klasse 1 und 15 in die Klasse 2.

Die Backscatterionogramme, die zur gleichen Zeit wie die Satellitenregistrierungen aufgenommen wurden, zeigten fast alle leichte bis starke Störungen. Bei Vergleichen mit den Szintillationen, die südlich von Lindau auftraten, ergab sich, daß auch in dieser speziellen Richtung die Störungen auf den Backscatteraufnahmen wirklich reeller Natur zu sein schienen. Erst durch neuere Satellitenbeobachtungen konnte man beweisen, daß Störungen in diesem Azimutwinkelbereich wirklich "echt" sind. Bei 5 von den 41 Registrierungen war auf den Backscatterionogrammen keine Störung zu sehen. Außerdem wurden mehrere Registrierungen der Klasse 0 mit Ionogrammen verglichen, um feststellen zu können, ob auch der umgekehrte Fall auftrat. Eine eindeutige Aussage darüber ist aber erst dann möglich, wenn die Antennendiagramme der Rhombusantennen auch außerhalb der Hauptkeulen genauer bekannt sind.

f) Abschlußbemerkung

Obwohl bei 25 % der Registrierungen Szintillationen auftraten, konnten doch - abgesehen von dem Vergleich mit den Kp-Ziffern - nur knapp 10 % mit anderen Meßdaten verglichen werden. Um zu kareren Ergebnissen kommen zu können, benötigt man aber wesentlich mehr Meßwerte. Man muß also mehrere Satelliten beobachten oder, falls dies nicht möglich ist, die Meßperiode über wesentlich mehr als 1 Jahr ausdehnen, so wie es gegenwärtig hier am Institut geschieht. Es ist jedoch in jedem Fall, auch ohne weitere Vergleichsmöglichkeiten, die Feststellung interessant, daß man bei der Auswertung von 25 % der Registrierungen nicht mit einfachen Ionosphärenmodellen und der geometrischen Optik auskommt.

Der Vergleich mit den Kp-Kennziffern zeigte, daß keine Korrelation zwischen ihnen und dem Auftreten der Satellitenszintillationen besteht.

3. Amplitudeneffekte

In den bisher betrachteten Anwendungsbereichen der Gleichung (III.56) für die Leerlaufspannung U_e an den Klemmen der Empfangsantennen konnte das Absorptionsvermögen $A^* = 0$ gesetzt werden. Bei einer genaueren Auswertung der Amplitudenregistrierungen auf 20 MHz, 40 MHz und 41 MHz zeigt sich jedoch, daß diese Annahme durchaus nicht immer zulässig ist. Bild 24 zeigt eine Amplitudenregistrierung des Satelliten S-66 vom 24.10.1966. Die Verteilung der Kanäle von 1-6 entspricht der des Bildes 2.

Auf den Kanälen 4, 5 und 6 sieht man mit wachsender Zeit - von links nach rechts - zunächst ein regelmäßiges Fading, dann eine "Dehnung", die das Auftreten eines Horizontal-

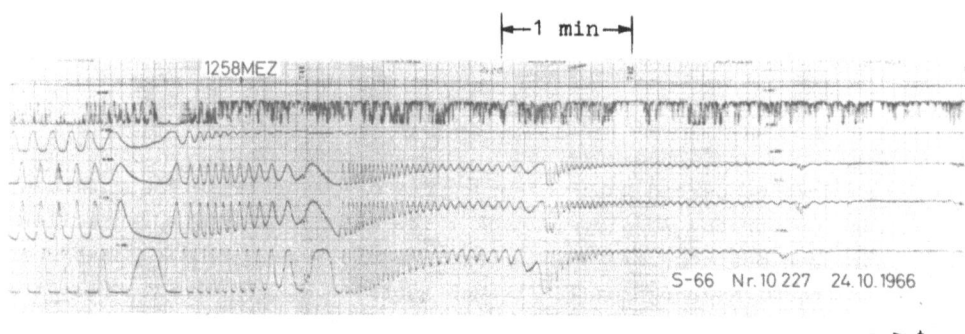

Bild 24: Absorption des 40- und 41 MHz-Signales

gradienten in der Ionosphäre anzeigt. Darauf folgen wieder einige regelmäßige Fadingperioden und eine zweite "Dehnung". Am Ende dieser zweiten Dehnung beginnen wieder regelmäßige Fadingperioden, deren Hüllkurve aber plötzlich ziemlich stark gegen Null strebt, um dann nach einer weiteren kleinen "Dehnung" wieder den ursprünglichen Wert zu erreichen. Von diesem Wert erfolgt dann abermals ein starker Abfall gegen Null, von dem aus dann nur noch einige kurzzeitige Feldstärkeanstiege zu beobachten sind. Dabei handelt es sich offenbar um "Untergangseffekte", die im nächsten Kapitel noch behandelt werden. Der Ausschnitt der Registrierung endet am rechten Bildrand, knapp eine Minute vor dem optischen Untergang des Satelliten. Der Feldstärkeabfall der Hüllkurve nach der zweiten "Dehnung" beträgt 12 dB und ist nur dann zu erklären, wenn $A^* \neq 0$ angesetzt wird. Registrierungen mit gleicher Bahn-Geometrie, die aber keine Effekte zeigten, wurden zum Vergleich mit diesen Hüllkurven ebenso herangezogen wie die im Anhang berechneten Kurven $U_{en}(t)$, um zu gewährleisten, daß keine Antenneneffekte oder Bodeneffekte für diesen Effekt verantwortlich zu machen waren. Diese durch wirkliche Absorption und partielle Reflexionen verursachte Dämpfung wurde als physikalisch reell betrachtet, wenn die Dämpfung der Hüllkurve in dem betrachteten Bereich um mehr als -4 dB vom Normalverlauf abwich. Bei den Meßfrequenzen 40 und 41 MHz war die Dämpfung bei etwa 10 % aller Registrierungen zu bemerken, während auf 20 MHz mindestens 70 % der auswertbaren Registrierungen diese Erscheinung zeigten. Für einen Teil der Registrierungen wurden nun die geographischen Koordinaten der Durchstoßpunkte des geradlinigen Strahles zwischen Satellit und Beobachter durch die 100 km Höhenlinie und die 300 km Höhenlinie berechnet und festgestellt, daß nur in 3 Fällen diese Koordinaten mit den geographischen Koordinaten einer Ionosphärenmeßstation zusammenfielen. Für 2 dieser Fälle waren Ionogramme verfügbar, aus denen hervorging, daß starkes Es (>8 MHz) zu dieser Zeit aufgetreten war. Auf 40 und 41 MHz treten diese Effekte nur bei Elevationswinkeln < 30° auf.

Bild 25 zeigt nun einen ganz anderen Amplitudeneffekt, der ab und zu beobachtet werden konnte.

Seit dem Start des Explorer 27 - BEC - gibt es insgesamt zwei Satelliten, die auf genau den gleichen Frequenzen, 20 MHz, 40 MHz und 41 MHz senden. Während die Flughöhe über der Erdoberfläche bei beiden Satelliten im Mittel 1000 km beträgt, ist ihre Inklination voneinander verschieden. Beim Explorer 27 haben wir 41° und beim Explorer 22 80° Bahnneigung zum Äquator, d.h., daß der maximale Elevationswinkel, unter dem wir den Explorer 27 beobachten können, in Lindau kleiner als 40° bleibt, während für den S-66 alle Elevationswinkel von 0° - 90° möglich sind.

Auf Grund der Tatsache, daß die Flugbahnen der beiden Satelliten keine genauen Kreisbahnen sind, geschieht es nun alle paar Monate, daß sich die Zeitintervalle, während der man die beiden Satelliten beobachten kann, überlappen. Man registriert also statt einem Satelliten nun alle beide. Da man dies den Registrierungen aber nicht immer ansehen kann, muß man diese Zeitintervalle graphisch [21] oder mit Hilfe von Bahnrechnungsprogrammen ermitteln. Da die Bahngeometrie der beiden Satelliten verschieden ist, ist auch ihre Dopplerverschiebung nicht genau gleich, so daß trotz gleicher Satellitensendefrequenzen ein Unterschied in den beiden Empfangsfrequenzen bis zu 2 kHz auftreten kann. Bei einer Empfängerbandbreite von 8 kHz werden natürlich beide Frequenzen empfangen. Die Grenzempfindlichkeit des Schreibers - 300 Hz - sowie der langsame Papiervorschub - 2 mm/sec - erlauben natürlich nicht, dieses 2 kHz Schwebungssignal aufzuzeichnen. In 4 Fällen waren jedoch die geometrischen Verhältnisse so, daß die Schwebung zwischen den beiden HF-Signalen des S-66 und BEC in den Bereich zwischen 0 und 500 Hz fiel und dadurch registriert werden konnte. Bild 25 zeigt einen dieser 4 Fälle. Eine Auswertung dieser Registrierungen ist natürlich unmöglich.

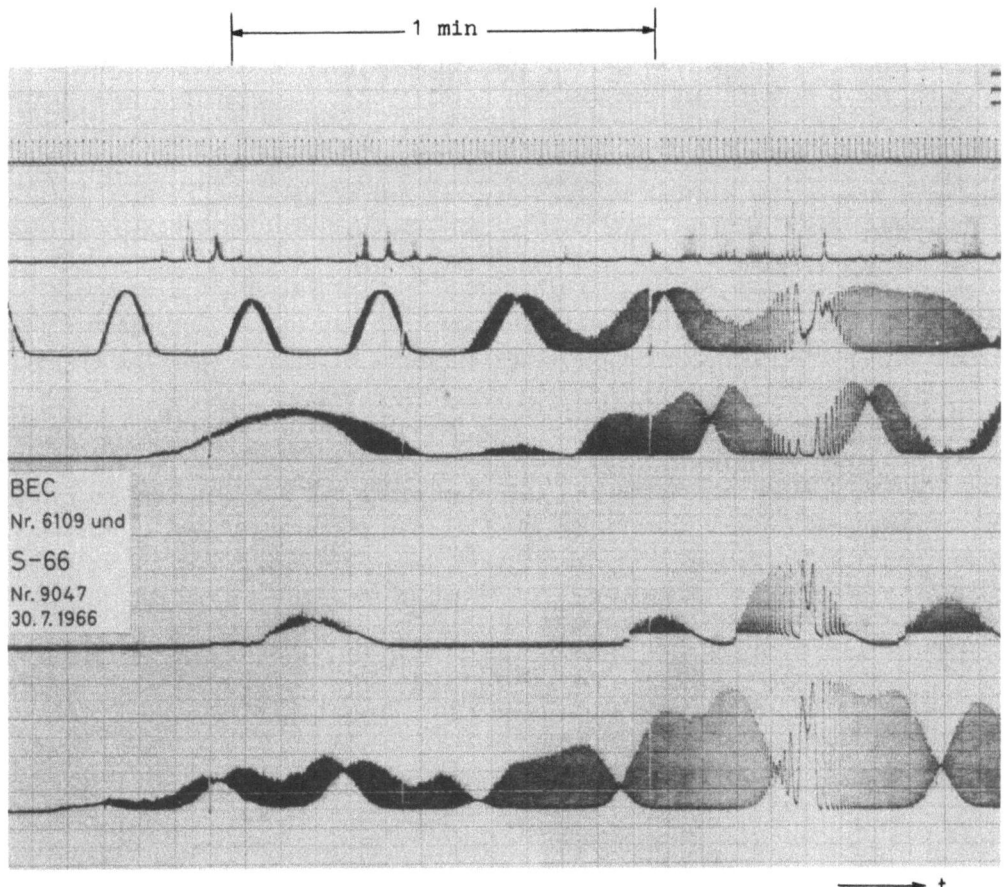

Bild 25: Interferenz der HF-Signale des Satelliten Explorer 22 und Explorer 27 auf 40 MHz und 41 MHz

Neben diesen Effekten konnte noch in zwei Fällen der sog. "Flugzeugeffekt" auf 40 und 41 MHz registriert werden. Dieser in dem UKW-Bereich häufig in der Nähe von Flugschneisen beobachtete Effekt entsteht dadurch, daß ein Flugzeug in den Strahlweg der beobachteten elektromagnetischen Welle fliegt und als Sekundärstrahler wirkt. Physikalisch erklären könnte man den Effekt z.B. mit der Theorie des Differenz-Doppler-Effektes.

IV.4   - 50 -

Der registrierte Flugzeugeffekt sieht auch den Differenz-Doppler-Registrierungen ähnlich, wenn man die unmittelbare Umgebung um den Phasenwegumkehrpunkt betrachtet. Registrierungen, bei denen Amplitudeneffekte durch Störträger, Gewittertätigkeiten und starke Schnee- oder Regenfälle verursacht wurden, sind von allen Auswertungen ausgeschlossen worden.

4. Beugungsphänomene ("Auf- und Untergangseffekte")

Neben den im vorigen Kapitel betrachteten Amplitudeneffekten gibt es noch ein weiteres Phänomen, das zunächst mit "Auf- bzw. Untergangseffekt" bezeichnet werden soll. In dem Elevationswinkelbereich zwischen $2°$ und $18°$ auf 40 MHz und 41 MHz sowie in dem Bereich zwischen $2°$ und $28°$ auf 20 MHz sind ab und zu auf den Amplitudenregistrierungen starke Feldstärkeanstiege bis zu +15 dB zu beobachten, deren Dauer zwischen 3 und 20 Sekunden schwankt. Als Elevationswinkel wird hier der Winkel zwischen der geradlinigen Verbindung Satellit - Beobachtungsort und der Horizontalen bezeichnet. Der zugehörige und eigentlich interessante Elevationswinkel der elektromagnetischen Wellen auf 20 MHz, 40 MHz und 41 MHz ist wegen der Brechung in der Ionosphäre größer als der eben definierte Winkel. Innerhalb der Feldstärkeanstiege treten Amplitudenschwankungen mit Perioden zwischen 0,3 Hz und 8 Hz auf. Bei den meisten Satellitendurchgängen ist beim Auftreten dieser Effekte der Normalpegel des Signals schon fast auf Null zurückgegangen. Die Effekte treten bis zu dreimal hintereinander auf einer Registrierung auf. Ihr Zeitabstand beträgt knapp eine Minute. In einigen Fällen treten diese Effekte sowohl beim Aufgang als auch beim Untergang des Satelliten auf, in den meisten Fällen aber entweder nur beim Aufgang oder nur beim Untergang.

Die folgenden Bilder zeigen nun Registrierungen mit "Auf- bzw. Untergangseffekten". Die ersten Effekte wurden im November 1964 registriert. Bild 26 zeigt eine Registrierung des Faraday-Effektes der Ionosphäre mit 2 mm Papiervorschub pro Sekunde. Die Amplituden nehmen auf den einzelnen Kanälen nach unten zu. Die starken Dehnungen, d.h. die sehr langen Fadingperioden, die plötzlich am rechten Bildrand auf die sehr kurzen folgen, entsprechen starken Horizontalgradienten. Außerdem sieht man auf den Kanälen 3, 4, 5 und 6 dreimal hintereinander einen plötzlichen Anstieg der Feldstärke, der im Mittel größer als 12 dB ist und als "Aufgangseffekt" bezeichnet wird. Die Meßfrequenzen waren 40 und 41 MHz.

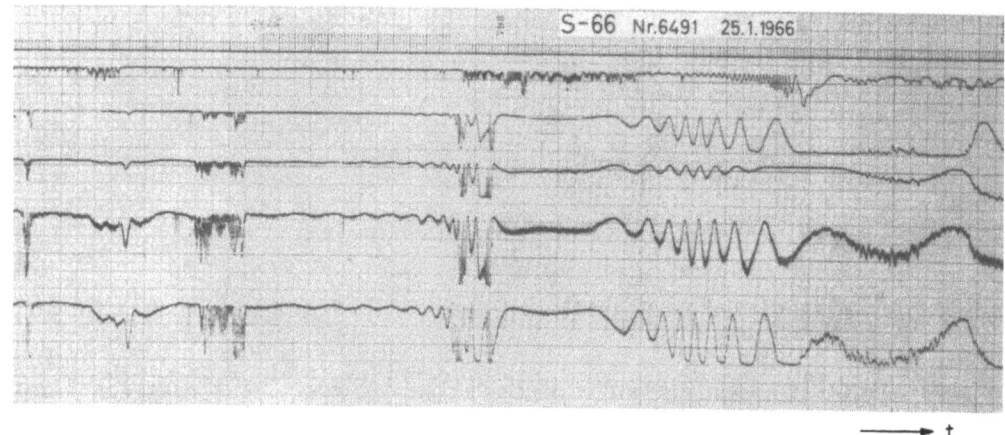

<u>Bild 26:</u> Amplitudenregistrierung des S-66 mit Aufgangseffekt. Kanalverteilung wie bei Bild 2.

Bild 27 zeigt ein zwei- bzw. dreimaliges Auftreten des "Aufgangseffektes" auf 40 und 41 MHz. Außerdem sieht man, daß auf Kanal 2 der Effekt für das 20 MHz-Signal später auftritt als für das 40 und 41 MHz-Signal, wo er praktisch gleichzeitig eintritt.

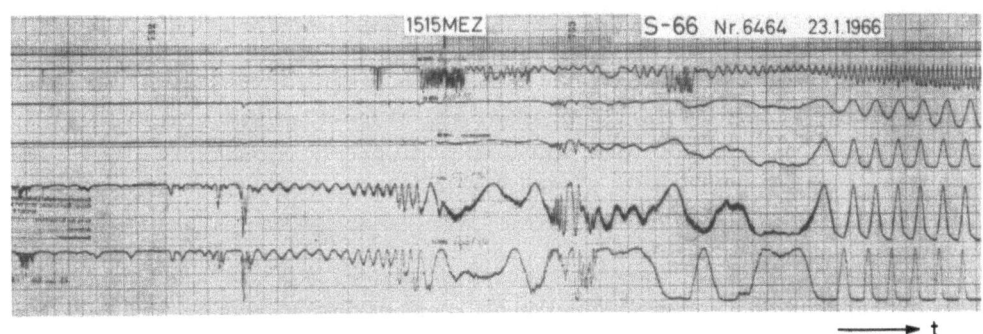

Bild 27: Amplitudenregistrierung des S-66 mit Aufgangseffekt. Kanalverteilung wie bei Bild 2.

Bild 28 zeigt ebenfalls eine Registrierung des Faraday-Effektes der Ionosphäre, allerdings mit 5 mm Papiervorschub pro Sekunde auf dem Übersichtsschreiber. Am rechten Bildrand sieht man, wie ein "Untergangseffekt" aussieht, der mit einer zweieinhalbfachen Papiergeschwindigkeit aufgezeichnet wurde.

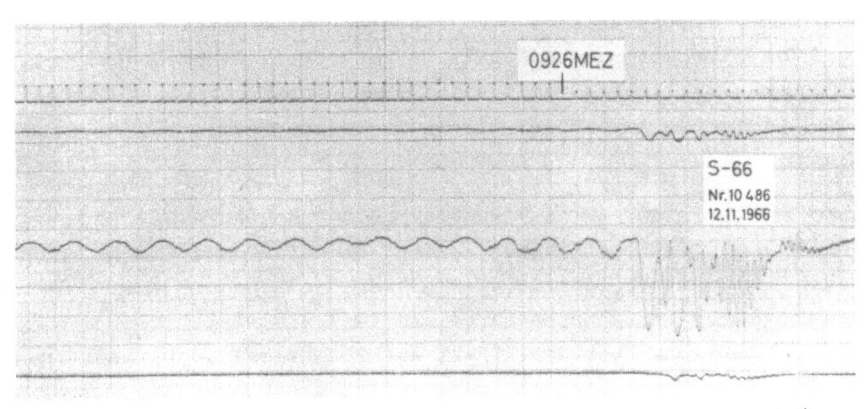

Bild 28: Amplitudenregistrierung des S-66.
Kanal 1: Zeitmarken (Sekunden),
Kanal 2: 41 MHz mit NS-Dipol,
Kanal 3: 41 MHz mit OW-Dipol.

Für mehrere Registrierungen wurden die genauen geographischen Koordinaten der Durchstoßpunkte des geradlinigen Strahles zwischen Satellit und Beobachter durch die 3 km und 100 km Höhenlinie berechnet. Es handelte sich jeweils um die Koordinaten zu Anfang und Ende eines Effektes. Mit Hilfe dieser Daten sollten die Effekte mit vorhandenen ionosphärischen und troposphärischen Meßdaten korreliert werden. Trotz der relativ großen Anzahl der Ionosphärenstationen in Europa fielen nur in ganz wenigen Fällen die errechneten Koordinaten für die 100 km Höhenlinie mit denen einer Ionosphärenstation zusammen. Die Durchstoßpunkte für die 3 km Höhenlinie liegen alle in einem Kreis um Lindau, der einen Radius von 150 km hat. Aus diesem Grund ist es sehr viel leichter, troposphärische Meßdaten zur Korrelation heranzuziehen.

IV.4

Ebenso wie bei allen anderen Auswertungen wurden auch hier Registrierungen mit gleicher Bahngeometrie, die aber keine Effekte zeigten, zum Vergleich mit herangezogen, um gewährleisten zu können, daß keine Geländeeffekte gemessen wurden. Darüber hinaus wurden alle Effekte, bei denen der Elevationswinkel kleiner als $2°$ war, nicht berücksichtigt, da erstens die "Horizontfreiheit" unseres Geländes erst bei $1,5°$ Elevation beginnt und zweitens unsere Empfangsantennendiagramme in diesem Bereich nicht genau genug ausgeflogen werden konnten. Außerdem wurden die theoretisch berechneten Kurven des Anhangs noch zum Vergleich mit herangezogen. Nicht zuletzt muß bemerkt werden, daß die Empfangsantennen im November 1965 um etwa 150 m versetzt wurden, erneut ausgemessen wurden, und daß die Effekte nach wie vor auftraten, so daß als Ursache nur noch die Ionosphäre oder Troposphäre in Frage kommen kann, während Geländeeinflüsse ausgeschlossen werden können.

Seit der Beobachtung der ersten Effekte im November 1964 bis zum November 1966, wo die letzten Auswertungen durchgeführt wurden, konnten auf 40 und 41 MHz etwa 170 Effekte registriert werden, bei denen die Feldstärkeanstiege zwischen +6 dB und +15 dB lagen. Das bedeutet, daß knapp 6 % der gesamten Registrierungen solche starken Effekte zeigen. Daneben wurden die Registrierungen mit Feldstärkeanstiegen zwischen +3 dB und +6 dB bis jetzt noch nicht zu einer Auswertung herangezogen. Alle Effekte, bei denen die Feldstärkeanstiege kleiner als +3 dB blieben, wurden unberücksichtigt gelassen, da sie in dieser Größenordnung auch ohne weiteres Geräteeffekte sein könnten. Bei Diskussionen mit Herren von anderen Satellitenbeobachtungsstationen ergab sich, daß auch dort ab und zu diese Effekte bemerkt wurden, man ihnen jedoch weiter keine größere Beachtung schenkte, da keine meßtechnischen Voraussetzungen getroffen wurden oder getroffen werden konnten, um sie eindeutig als troposphärische oder ionosphärische Effekte deuten zu können. Sie konnten bei uns unter anderem auch deshalb so gut registriert werden, weil der Schreiber unserer Meßanlage die Amplituden von 0 bis +15 dB linear schreibt. Oberhalb von +20 dB begrenzt er dafür dann die Amplitude, da er die Gesamtdynamik von 28 dB nicht linear verarbeiten kann.

Bei etwa 10 % dieser 170 Registrierungen konnte der "Auf- bzw. Untergangseffekt" gleichzeitig noch auf 20 MHz beobachtet werden. Da auf 20 MHz häufig starke Absorption in diesem Elevationswinkelbereich zu bemerken war und sehr oft starke Störträger das Satellitensignal verdeckten, konnten nur diese 10 % als wirklich echt identifiziert werden. Beim Satellitenaufgang trat der Effekt auf 20 MHz bis zu 10 Sekunden später auf als auf 40 und 41 MHz. Beim Satellitenuntergang war es umgekehrt. Der Einsatz der Effekte auf 40 und 41 MHz lag weniger als 1/2 Sekunde auseinander und konnte bei dem Papiervorschub von 2 mm/sec praktisch nicht richtig aufgelöst werden. Ein Teil der Amplitudenregistrierungen des Satelliten Explorer 27 - BEC - zeigt ebenfalls diese "Auf- bzw. Untergangseffekte". Sie wurden noch nicht für eine Auswertung herangezogen.

Zu den Zeiten, zu denen auf 40 und 41 MHz diese Effekte auftraten, wurden zusätzlich ab und zu spezielle Beobachtungen der NIMBUS- oder ESSA-Satelliten im 136 MHz Telemetrieband durchgeführt. Als Anzeige wurde ein Oszillograph verwendet. Bei diesen Satelliten, die mit einer Sendeleistung von 5 Watt arbeiten, konnte bei Elevationswinkeln um $10°$ dieser "Auf- bzw. Untergangseffekt" ebenfalls beobachtet werden. Ebenso wie bei 40 und 41 MHz bzw. 20 MHz traten auch hier des öfteren die Effekte mehrmals hintereinander auf. Meistens konnten Anstiege bis zu +10 dB beobachtet werden, mit einer Amplitudenvariation innerhalb der Anstiege, deren Periode im Mittel bei 1 Hz lag. Die Dauer dieser Effekte schwankte zwischen 4 und 10 Sekunden. Eine andere in der Nähe befindliche Telemetriestation konnte bei gelegentlichen Parallelbeobachtungen auch ein "Pumpen" der Empfangsfeldstärke feststellen, d.h., sie beobachtete ebenfalls das Phänomen des "Auf- bzw. Untergangseffektes".

Da die Satellitenbahndaten nur in Form von "Vorhersagen" vorlagen, und die topozentrischen Satellitenkoordinaten graphisch bestimmt wurden [21], konnten keine genaueren Angaben über die Elevationswinkel gemacht werden, unter denen diese Effekte auf 136 MHz auftraten. Auf Grund des bisher vorliegenden Materials scheint es gerechtfertigt zu sein, diese Effekte als Beugungseffekte zu interpretieren, wobei noch nachgewiesen werden muß, ob die Beugung in der Ionosphäre oder in der Troposphäre stattfindet.

Die Tatsache, daß die Effekte in einem Elevationswinkelbereich zwischen $2°$ und $28°$ bis zu dreimal hintereinander auftreten und manchmal bei einer Registrierung sowohl beim Satellitenaufgang im Süden (Norden) als auch beim Untergang im Norden (Süden) registriert werden konnten, läßt sich kaum mit der geometrischen Optik erklären. Da es außerdem höchst unwahrscheinlich ist, daß zur gleichen Zeit für 20 MHz, 40 MHz und 41 MHz sowie für 136 MHz die Bedingungen für eine "Mehrwegeausbreitung" oder eine "Fokussierung" in der Ionosphäre oder Troposphäre zu erfüllen sind, scheiden diese Effekte mit ziemlicher Wahrscheinlichkeit aus. Bei diesen kleinen Elevationswinkeln ist zwar auf 20 und 40 MHz der Weg der ordentlichen und außerordentlichen Komponente des Strahles schon merklich voneinander verschieden; es scheint jedoch auch hier - ganz abgesehen von dem 136 MHz-Signal - schon recht unwahrscheinlich, daß der außerordentliche (ordentliche) Strahl gleich dreimal hintereinander eine Störung erfaßt, während der ordentliche (außerordentliche) Strahl wegen der unterschiedlichen Brechung daran vorbeigeht. Wenn beide Strahlen die Störung durchqueren, treten im allgemeinen die Satellitenszintillationen auf, die sich von den hier betrachteten Effekten im wesentlichen dadurch unterscheiden, daß sie ein viel unregelmäßigeres Fadingverhalten zeigen, daß die Fadingfrequenzen höher sind und daß sie einen recht großen Oberwellengehalt aufweisen. Wegen der stärkeren Brechung, der das 20 MHz-Signal in der Ionosphäre unterworfen ist, müßte der Effekt, wenn er von der Ionosphäre verursacht wird und strahlenoptisch erklärt werden soll, auf 20 MHz beim Satellitenaufgang früher beobachtet werden als auf 40 und 41 MHz, beim Untergang jedoch später. Die wenigen zur Verfügung stehenden 20 MHz-Registrierungen zeigen bisher aber ein umgekehrtes Verhalten.

Diese Phänomene lassen sich jedoch sehr schön erklären, wenn man annimmt, daß irgendeine in der Ionosphäre oder Troposphäre befindliche Grenzschicht leicht gewellt ist und für eine einfallende Welle wie ein Phasengitter wirkt [22, S. 206 ff]. Um explizite Rechnungen durchführen zu können, benötigt man Meßdaten über die vertikale und horizontale Struktur dieser Grenzschichten.

Einen weiteren Beweis für diese Annahme stellen die Registrierungen des Differenz-Doppler-Effektes dar [18]. Bild 29 zeigt einen "Untergangseffekt" auf einer Amplitudenregistrierung analog wie zu Bild 28. Bild 30 zeigt, wie dieser Untergangseffekt auf einer Differenz-Doppler-Registrierung aussieht. Zu Beginn des Effektes, um 11.08 Uhr + 9 Sekunden treten auf dieser Registrierung plötzlich schnelle, unregelmäßige Phasenwegänderungen auf, die 4 Sekunden andauern. Auf der zugehörigen Amplitudenregistrierung sieht man, daß auch der "Untergangseffekt" genau 4 Sekunden dauert.

Würde die strahlenoptische Fokussierungstheorie gelten, dürften die Effekte auf den Differenz-Doppler-Registrierungen nicht das gezeigte Aussehen haben.

IV.4

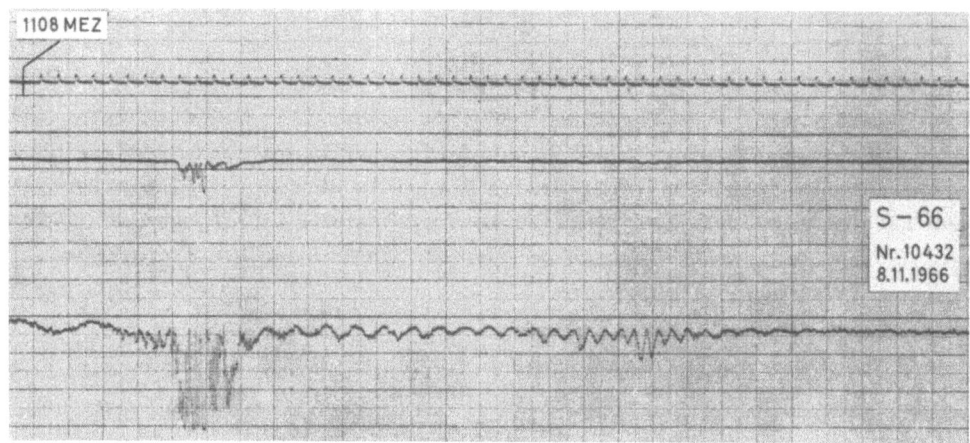

Bild 29: Amplitudenregistrierung des S-66. Kanalverteilung analog wie bei Bild 28.

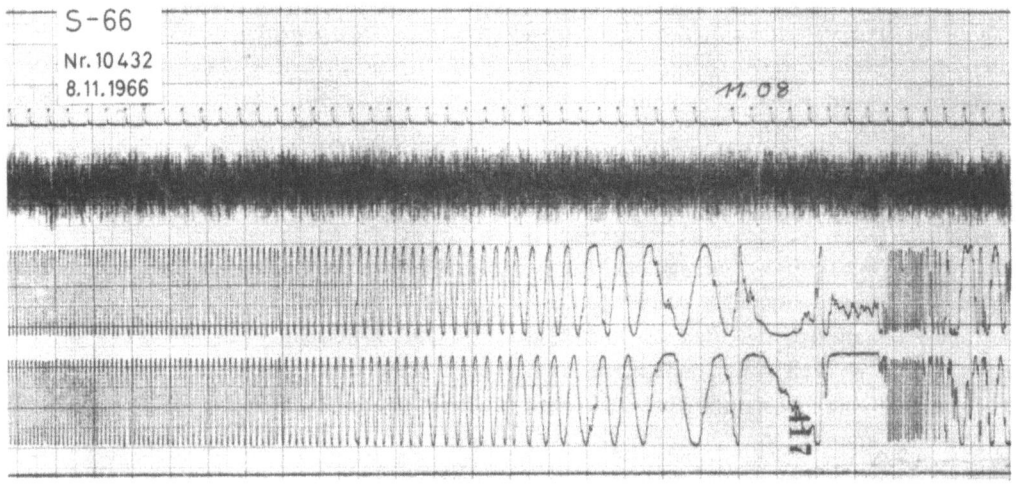

Bild 30: Differenz-Doppler-Registrierung des S-66 mit "Untergangseffekt".

Die "Auf- bzw. Untergangseffekte" treten zu allen Tageszeiten auf, nachts allerdings nur relativ selten, was zum Teil dadurch zu erklären ist, daß sie nachts häufig von Satellitenszintillationen verdeckt werden oder nur in die Klasse der Effekte zwischen 3 dB und 6 dB fallen. Bei 6, über die verschiedensten Tageszeiten verteilten Effekten konnten Ionosphärendaten von Stationen herangezogen werden, deren geographische Koordinaten mit denen der 100 km Durchstoßpunkte übereinstimmten. Es ergaben sich bisher jedoch keinerlei Zusammenhänge zwischen diesen Daten und dem Auftreten der Effekte. Deshalb wurde versucht, troposphärische Meßdaten zum Vergleich heranzuziehen. In 70 Fällen fielen die Zeiten der "Auf- bzw. Untergangseffekte" mit den Zeiten von Radiosondenaufstiegen zusammen [23], die im Umkreis von 150 km um Lindau erfolgten. Wenn t_R die Zeit des Radiosondenaufstieges angibt und t_S die Zeit des "Auf- bzw. Untergangseffektes", dann wurde immer dann $t_S = t_R$ gesetzt, wenn $t_R - 60\,min \leq t_S \leq t_R + 60\,min$ galt. Dabei zeigte sich, daß jedes Mal eine starke Inversionsschicht in der Troposphäre gemessen wurde. Die folgende Tabelle gibt für 5 Fälle die Absolutwerte des Brechungswertes N [5, S. 314] an, und zwar an der Grenze der unteren feuchten zur darüberliegenden trockenen Luftmasse.

$$N = (n - 1) \cdot 10^6 \qquad (IV.27)$$

n: Brechungsindex der Atmosphäre.

Die Radiosondenwerte sind höchstens auf ± 50 m genau, so daß die wahren Gradienten wahrscheinlich wesentlich größer sind als hier angegeben.

Datum	MEZ	Höhe h1	N für h1	Höhe h2	N für h2	Gradient		Ort
11.11.65	13	1336 gdm	267,75	1708 gdm	249,89	-4,8	N/100 m	Ha
12.11.65	13	641 "	286,55	987 "	267,70	-5,5	"	Ha
28.12.65	6	620 "	285,02	800 "	243,95	-22,8	"	Be
4. 5.66	1	50 "	322,77	279 "	298,57	-10,6	"	Ha
29.12.65	6	1510 "	258,15	1610 "	250,26	- 7,9	"	Be

Ha: Radiosonde Hannover; Be: Radiosonde Bergen-Hohne
gdm: geodynamische Meter. Der "normale Gradient" beträgt -3,9 N/100 m.

Bei 30 Amplitudenregistrierungen, die für die Zeiten von Radiosondenaufstiegen herausgesucht worden waren und die eindeutig keine "Auf- bzw. Untergangseffekte" zeigten, war entweder die Atmosphäre homogen durchmischt oder sie zeigte mehrere kleine Sprünge im Brechungsindexgradienten.

Um bei unserer Meßanordnung die Empfindlichkeit der Empfänger und des Schreibers sowie die Empfangsantennenrichtung immer konstant halten zu können, werden nur Amplitudenregistrierungen bei den Satellitendurchgängen durchgeführt, für die der Satellit im PCA (point of closest approach $\hat{=}$ Zeitpunkt der ortsnächsten Annäherung des Satelliten) einen Elevationswinkel von mehr als $25°$ annimmt. Aus diesem Grund reicht auch der Azimutbereich, in dem wir den Satelliten zwischen $2°$ und $28°$ Elevation beobachten können, nicht von $0° - 360°$ ($0°$ = Süden, $90°$ = Westen usw.). Folgende Azimutbereiche müssen wir betrachten: $0° - 45°$, $135° - 160°$, $200° - 225°$ und $315° - 360°$. Etwa 65 % aller Effekte treten in dem Bereich zwischen $345° \rightarrow 0° \rightarrow 15°$ auf, während sich die restlichen 35 % gleichmäßig auf die anderen Richtungen verteilen. Wenn man bei diesem eingeschränkten Azimutbereich die prozentuale Verteilung überhaupt interpretieren darf, dann bedeutet sie, daß das troposphärische Phasengitter eine Vorzugsrichtung hat.

Unter der vereinfachenden Annahme, daß es sich z.B. um ein in West-Ost-Richtung liegendes Strichgitter handelt [22, S. 162 und 204], können durch relativ einfache Rechnung die Effekte simuliert werden. Die Höhe des Gitters wird mit 500 m über der Erdoberfläche angenommen. Bei unseren in Frage kommenden Wellenlängen λ kann man also näherungsweise mit Frauenhoferscher Beugung rechnen. Da der Brechungsindex n der Troposphäre nur sehr wenig über 1 liegt, kann man zunächst annehmen, daß er ≈ 1 ist und erst am Ort der Gitterstriche - d.h. an der Grenzschicht - um Δn springt. Setzt man die Intensität der einfallenden elektromagnetischen Welle = 1, dann erhält man für die Intensitätsverteilung I folgenden Ausdruck:

$$I = \frac{\sin^2 x}{x^2} \frac{\sin^2(N \cdot \Delta/2)}{\sin^2(\Delta/2)} \qquad (IV.28)$$

N: Zahl der Gitterstriche
x: $2 \pi a A/\lambda$ $\qquad \Delta = 2 \pi a d/\lambda$ $\qquad (IV.29)$
λ: Wellenlänge der elektromagnetischen Welle.
A ist die Breite der Gitterstriche, d ihr gegenseitiger Abstand. In unserem Spezialfall

IV.4

für kleine Elevationswinkel und für $n - 1 \ll 1$ ist

$$a \approx \cos El \cdot \Delta n \qquad (IV.30)$$

Damit wird

$$x = 2\pi \cdot \Delta n \cdot \cos El \cdot A/\lambda \qquad (IV.31)$$

und der Phasenunterschied Δ wird

$$\Delta = 2\pi \cdot \Delta n \cos El \cdot d/\lambda \qquad (IV.32)$$

Aus den 5 Beispielen der Tabelle sieht man, daß $\Delta n < 10^{-4}$ ist.

El: Elevation des einfallenden Strahles.

Wenn $d \gg A$ ist, ist der erste Faktor in (IV.28) gegen den zweiten langsam veränderlich. Er bewirkt, daß die Gitterspektren höherer Ordnung gegenüber der ersten Ordnung geschwächt werden, wobei aber die durch den zweiten Faktor gegebene schnelle Variation des Intensitätsbildes qualitativ erhalten bleibt. Der Grenzwert für die Hauptmaxima ist gegeben durch N^2. Außerdem gibt es Nebenmaxima, die den schnellen Schwankungen des Zählers $\sin^2 N \cdot \Delta/2$ entsprechen. Ihre Lage wird, da der Nenner langsam veränderlich ist, für großes N hinreichend genau durch die Lage der Maxima des Zählers bestimmt. Die Intensität ist allerdings viel kleiner als bei den Hauptmaxima. Das der Halbwertsbreite der Hauptmaxima entsprechende ΔH ist gegeben durch $\Delta H = 5{,}5/N$.

Je größer der Winkel El wird, desto mehr streben der erste und der zweite Faktor in Gleichung (IV.28) wegen (IV.31) und (IV.32) ihrem Grenzwert 1 zu, und man kann wieder mit den normalen Verhältnissen der geometrischen Optik rechnen. Die 15 dB Feldstärkeanstieg lassen sich wegen der Beziehung $I_{max} \sim N^2$ schon durch wenige Gitterstriche realisieren. Selbst bei einer Beugung an vielen ungeordneten "Elementen" wächst die Intensität noch mit dem Faktor N. In unserem Elevationswinkelbereich für $El < 30°$ gilt also:

$$I = \frac{\sin^2(2\pi \cdot \Delta n \cdot \cos El \, A/\lambda)}{(2\pi \cdot \Delta n \cos El \, A/\lambda)^2} \cdot \frac{\sin^2(N \cdot \pi \cdot \Delta n \cdot \cos El \, d/\lambda)}{\sin^2(\pi \cdot \Delta n \cdot \cos El \, d/\lambda)} \qquad (IV.33)$$

Da $n < 10^{-4}$ ist, wird bei mäßiger Breite der Gitterstriche - $A < 50$ m - der erste Term praktisch gleich 1 sein, während der zweite Term die Maxima und Minima angibt. Wenn man für N, d und Δn bestimmte Wertetripel annimmt, kann man I berechnen. Leider kennt man jedoch bisher diese Größen nur sehr ungenau, abgesehen davon dürfte das Modell eines Strichgitters auch eine zu grobe Vereinfachung sein. Ein treppenförmiges Gitter [22, S. 207] wird wahrscheinlich der Wirklichkeit schon wesentlich besser entsprechen.

In Zusammenarbeit mit Mitarbeitern des Institutes für Radiometeorologie und Maritime Meteorologie an der Universität Hamburg sollen diese Effekte und die bisher neu aufgetretenen in Zukunft vertieft ausgewertet werden. Es soll untersucht werden, ob es möglich ist, genauere Aussagen über die horizontale und vertikale Struktur der troposphärischen Grenzschicht zu machen, um dadurch die Hypothese, daß es sich um ein troposphärisches Phasengitter handelt, zu beweisen oder zu entkräften. Sollte letzteres der Fall sein, dann müßte man sich erneut überlegen, ob nicht neben einem ionosphärischen Phasengitter noch ein durch Schwerewellen in Höhen bis zu 100 km Höhe verursachtes Phasengitter in Frage kommt. Sollte sich die Gittertheorie bestätigen, dann erscheint es zweckmäßig, statt von "Auf- bzw. Untergangseffekten" in Zukunft von "Phasengitterphänomenen" oder "Beugungsphänomenen" zu sprechen.

V. Literatur

[1] Goddard Space Flight Center
Polar Ionosphere Beacon Satellite (S-66), Operations Plan 2-63, March 1963, Goddard Space Flight Center, Greenbelt, Md. X-533-63-29.

[2] MEINKE, H., F.W. GUNDLACH: Taschenbuch der Hochfrequenztechnik, 2. Aufl., S. 476-615, Springer-Verlag Berlin ..., 1962.

[3] JOOS, G.: Lehrbuch der Theoretischen Physik, 9. Aufl. S. 554, Akademische Verlagsgesellschaft Geest & Portig KG, Leipzig, 1956.

[4] STARKER, S.: Externe Störungen und Antennenrauschtemperaturen bei Satellitenbeobachtungen im 136- und 400 MHz-Bereich, Institutsbericht, DVL, Oberpfaffenhofen, 1965.

[5] DOLUCHANOW, M.P.: Die Ausbreitung von Funkwellen, VEB Verlag Technik, Berlin, 1956.

[6] ZINKE, O., H. BRUNSWIG: Lehrbuch der Hochfrequenztechnik, S. 213, Springer-Verlag Berlin, Heidelberg, New York, 1965.

[7] RAAB, M.: Vermessung der Satellitenempfangsantennen des Max-Planck-Institutes für Aeronomie, Institutsbericht, DVL, Oberpfaffenhofen, 1966.

[8] BOHRMANN, A.: Bahnen künstlicher Erdsatelliten, S. 11 ff, Hochschultaschenbücher-Verlag, Bibliographisches Institut Mannheim, 1963.

[9] FANSELAU, G.: Geomagnetismus und Aeronomie, Bd. III, VEB Deutscher Verlag der Wissenschaften, Berlin, 1959.

[10] HARTMANN, G.: Der Faraday-Effekt der Ionosphäre und seine Abhängigkeit von der Eigenrotation des Satelliten sowie dessen Azimut- und Elevationswinkeländerung; Planetary and Space Science, Bd. 14, S. 1057-1064, Pergamon Press Ltd., Oxford, London, New York, Paris, 1966.

[11] WILLE, F., D. HOCHSTÄDTER: Die Programmiersprache Fortran IV der IBM 7040. Teil 1: Ganze und reelle Zahlen, S. 71, Aerodynamische Versuchsanstalt Göttingen, 1964.

[12] RAWER, K.: Erforschung der Ionosphäre mit Radiowellen von Satelliten und Raketen. Phasen-Verfahren. Space Science Reviews, $\underline{3}$, S. 429, D. Reidel Publishing Company, Dordrecht, Holland, 1964.

[13] BUDDEN, K.G.: Radio waves in the ionosphere, S. 401, Cambridge, University Press, 1961.

[14] SCHMELOVSKY, K.H.: Untersuchungen über die äußere Ionosphäre und deren regelmäßige Variationen. Habilitationsschrift, Akademie Verlag, Berlin, 1962.

V.

[15] HARTMANN, G.: Bestimmung der Elektronendichte zwischen der Erdoberfläche und einem künstlichen Erdsatelliten mit Hilfe des Faraday-Effektes, A.E.Ü., 19, 1965, Heft 4, S. 207-214, S. Hirzel Verlag, Stuttgart.

[16] SCHÖDEL, J.P.: Bemerkungen zur Bestimmung des Elektroneninhaltes der Ionosphäre aus dem Faraday-Effekt der Ionosphäre, A.E.Ü., 20, 1966, Heft 6, S. 353-356, S. Hirzel Verlag, Stuttgart.

[17] ARENDT, P.R., W.H. FISCHER, J. GRAU, H. SOICHER, G. VOGT: Polarization variation of satellite-emitted radio signals. Institute for Exploratory Research, US Army Electronics Command, Fort Monmouth, New Jersey, 1965.

[18] SCHMIDT, G.: Bestimmung des Elektroneninhaltes zwischen der Erdoberfläche und einem künstlichen Erdsatelliten mit Hilfe des Differenz-Doppler-Effektes, A.E.Ü., 20, 1966, Heft 7, S. 374-378, S. Hirzel Verlag, Stuttgart.

[19] YEH, K.C., G.W. SWENSON: The Scintillation of Radio Signals, IGR, 64, S. 2281, 1959.

[20] RATCLIFFE, J.A.: Some aspects of diffraction theory and their application to the ionosphere. Reports on Progress in Physics, 19 (1956), S. 188-267.

[21] HARTMANN, G.: Bestimmung wichtiger Satellitenpositionen mit Hilfe graphischer Darstellungen. Mitteilungen aus dem Max-Planck-Institut für Aeronomie, Heft 19, 1965, Springer-Verlag Berlin, Heidelberg, New York.

[22] SOMMERFELD, A.: Optik, 2. Aufl., Akademische Verlagsgesellschaft Geest & Portig K.G., Leipzig, 1959.

[23] FENGLER, G.: Durchsicht von Satellitenbeobachtungen im Hinblick auf troposphärische Einflüsse. Vortrag in Kleinheubach am 29.3.1967. Erscheint in den Kleinheubacher Berichten 1967.

VI. Anhang

1. Diskussion der nach Kapitel III.7 berechneten Kurven $U_{en}(t)$

Für die Koordinaten, die der Satellit S-66 bei seinem Umlauf Nr. 6511 am 27.1.66 hatte, wurden die Leerlaufspannungen $U_{en}(t)$ für verschiedene Antennenorientierungen berechnet. Die Berechnung erfolgte für ein Zeitintervall von 8,5 Minuten in Schritten von 5 Sekunden. Der kleinste Elevationswinkel des Satelliten während dieser Zeit war $29°$, der größte $86°$. Der jeweilige Wertebereich der Funktion $U_{en}(t)$ wurde in 66 gleiche Intervalle aufgeteilt, die berechneten 103 Werte darin eingeordnet und von der Rechenmaschine ausgedruckt. Die Maschine ordnet die Werte immer dem Intervall zu, dem sie am nächsten liegen. So kann es bei dieser geringen Auflösung vorkommen, daß zwei berechnete Werte, die in Wirklichkeit unterschiedliche Größen haben, beim Ausdrucken durch die Maschine in das gleiche Intervall fallen. Für eine genauere Auswertung muß man also eine noch höhere Auflösung beim Ausdrucken wählen oder die tabellierten Werte mit der Hand aufzeichnen.

Die Rechnung wurde für einen in geographischer West-Ost-Richtung stehenden horizontalen, symmetrischen $\lambda/2$-Dipol durchgeführt. Das Azimut A_{ZBA} dieser Empfangsantenne war also immer $270°$. Der Spiegelungsfaktor Sp wurde für eine ideal leitende Erdoberfläche berechnet. Als Charakteristik der Satellitenantenne wurde ebenfalls die eines horizontalen, symmetrischen $\lambda/2$-Dipols angenommen. Die Werte U_{en} wurden nun für die verschiedensten Satellitenantennenorientierungen u_{Sat} berechnet. Allerdings wurde angenommen, daß diese Richtung während des Durchlaufes beibehalten wurde. Grundsätzlich bedeutet es jedoch kaum eine Schwierigkeit, die Werte $U_{en}(t)$ auch für Empfangs- oder Satellitenantennenorientierungen, die sich während des Satellitendurchganges verändern, zu berechnen. Dabei ist die Berücksichtigung des Satellitenspins wohl interessanter als die Berücksichtigung der Drehung der Empfangsantenne.

Die Werte A_{ZBA} und u_{Sat}, für die die Berechnungen durchgeführt wurden, stehen links oben am Bildrand der gezeichneten Kurven $U_{en}(t)$, und zwar zuerst A_{ZBA} und dann u_{Sat}. $u_{Sat} = -90$ bzw. $u_{Sat} = +90$ bedeutet, daß die Satellitenantenne in der Schnittlinie zwischen der Horizontebene am Ort des Satelliten und der Satellitenantennenebene liegt. In unserem Fall des S-66 ist dies die geomagnetische West-Ost-Richtung.

$u_{Sat} = -60$ bedeutet, daß die Satellitenantenne in der Antennenebene um $30°$ aus geomagnetisch Süd herausgedreht wurde.

$u_{Sat} = 0°$ entspricht der geomagnetischen Nord-Süd-Richtung.

$u_{Sat} = 60°$: Drehung um $60°$ aus geomagnetisch Süd in Richtung Ost.

Für diese 4 Satellitenantennenorientierungen wurden die Kurven $U_{en}(t)$ berechnet, und zwar einmal für den Fall des am Erdmagnetfeld stabilisierten Satelliten S-66 und zum anderen Mal für einen gravitationsstabilisierten Satelliten. Es wurde also im zweiten Fall so getan, als würde die Symmetrieachse des Satelliten dauernd parallel zur Vertikalen sein und nicht parallel zum Erdmagnetfeld. Bei dieser Vereinfachung hängen für alle Winkel u_{Sat} die Antennen in der Horizontebene am Satelliten, während dies für den S-66 nur für $u_{Sat} = -90°$ bzw. $+90°$ der Fall ist. Wenn man also bei der Berechnung von $U_{en}(t)$ für $u_{Sat} = -90°$ bzw. $+90°$ bei der Benutzung der Formeln, die für die Gravitationsstabilisierung gültig sind, die gleichen Ergebnisse bekommt, wie bei Benutzung der wesentlich komplizierteren Formeln des magnetisch stabilisierten Satelliten S-66, dann sind die vorne abgeleiteten Formeln und das Rechenprogramm richtig. Die beiden Bilder (270, -90) gr und

VI.1

(270,-90) S-66, zeigen dies. Auf der Abszisse ist die Zeit t von $t_o = 0$ bis t_8 in Schritten von 5 Sekunden abgetragen, während auf der Ordinate der Wert U_{en} abgetragen wird, und zwar steht der größte überhaupt vorkommende Wert im obersten (66.) Intervall. Das bedeutet, daß sich im allgemeinen der Ordinatenmaßstab etwas **ändert,** wenn man mit anderen Werten A_{ZBA} und u_{Sat} rechnet. Die ganz geringen Abweichungen, die auftreten, kommen dadurch zustande, daß in dem Bereich, für den gerechnet wurde, die geomagnetische West-Ost-Richtung bis zu maximal 6,8° von der geographischen West-Ost-Richtung abweicht.

Die Bezeichnung "gr" auf dem linken oberen Bildrand bedeutet, daß für einen gravitationsstabilisierten Satelliten gerechnet wurde, die Bezeichnung "S-66", daß für den am Erdmagnetfeld stabilisierten Satelliten S-66 gerechnet wurde. Es wurde zunächst ein sehr einfaches Ionosphärenmodell zugrundegelegt. Zur Minute $t_o = 0$ hat die Ionosphäre die Polarisationsebene der Welle um n · 180° gedreht - n = 0, 1, 2, ..., m -. 5 Sekunden später, zur Zeit $t_1 = t_o + 5$ sec, hat die Ionosphäre die Polarisationsebene um $|\Delta\Omega| = 15°$ gedreht. Zur Zeit t_{12} hat dann eine Drehung um 180° stattgefunden, d.h. also, in <u>einer</u> Minute ist die Polarisationsebene der Welle um 180° gedreht worden. Nachdem die Formeln und das Rechenprogramm mit diesem einfachen Modell auf ihre Richtigkeit geprüft werden konnten, kann man jetzt beliebige Modelle, d.h. für $\Omega = \Omega(t)$ beliebige Zeitfunktionen vorgeben und damit Horizontalgradienten u.ä. simulieren. Während man die Unterschiede der einzelnen Hüllkurven von $U_{en}(t)$ selbst bei dieser groben Auflösung noch recht gut erkennen kann, ist eine Prüfung, wie genau die Faraday-Fadingperioden den gemessenen bzw. registrierten Fadingperioden entsprechen, bei dieser Darstellung kaum noch möglich. Man sieht allerdings gut den Einfluß der Satellitenantennenorientierung auf das Zustandekommen des ersten Fadingminimums. Zwar entspricht die Dauer der Fadingperioden näherungsweise einer Minute, jedoch fallen die Minima nur selten mit den vollen Minuten zusammen, und die Kurven $U_{en}(t)$ sehen am Anfang sehr unterschiedlich aus. Betrachtet man statt des am Erdmagnetfeld stabilisierten Satelliten S-66 z.B. einen Satelliten, bei dem die Symmetrieachse immer zur Sonne zeigt, dann muß man in den vorne benutzten Gleichungen statt 90 - I den Winkel 90 - z_S setzen, wobei z_S die Zenitdistanz der Sonne ist. Außerdem muß man statt $A_{ZS} = 270°$ die jeweilige Richtung einsetzen, die die Schnittlinie zwischen der Horizontebene am Ort des Satelliten und der Satellitenantennenebene einnimmt. Natürlich müssen dann auch die Bedingungen für die Konstante a = -1 bzw. a = +1 neu abgeleitet werden. Im Prinzip bleibt jedoch alles erhalten. Da der Vektor der Empfangsfeldstärke ℓ_e proportional zu U_e ist, kann man leicht mit Hilfe dieser Formeln am Ort des Satelliten oder am Empfangsort durch Zusammenschaltung zweier Antennen - vektorielle Addition zweier Vektoren, die in Richtung, Betrag und Phase voneinander abweichen können - rechnerisch jede beliebige Polarisationsform untersuchen. Man muß nur das bisherige Rechenprogramm als Unterprogramm in einem wesentlich einfacheren, neuen Hauptprogramm verwenden. Man kann auch statt U_{en} linear U_{en} in dB auftragen. [dB] = 20 log($U_{en}/2$), 2 ≙ Maximalwert von U_{en}. Bei unseren Amplitudenregistrierungen wurde eine maximale Gesamtdynamik von 28 dB gemessen. Bei einem maximal möglichen Wert von $U_{en} = 2$ bedeutet dies, daß alle gerechneten Werte $U_{en} < 0,08$ physikalisch wertlos sind, da dort das simulierte Empfangssignal bereits im Rauschen verschwindet. Aus diesem Grund wurden die Kurven auch nur bis zum Wert $U_{en} = 0,08$ gezeichnet. Der mit einem Pfeil markierte 49. Zeitwert kennzeichnet den PCA (point of closest approach) des Satelliten, der unter einem Erhebungswinkel von 86,7° auftritt.

Auf den Kurven $U_{en}(t)$ für den S-66 ist die auch bei den Registrierungen auftretende Unsymmetrie in der Hüllkurve gut festzustellen. Führt man die Amplitudenregistrierung des S-66 noch ein zweites Mal unter Verwendung eines Nord-Süd-Empfangsdipols durch, wie auch die Berechnung von U_{en}, dann müßte aus den 2 gemessenen Amplitudenkurven und den 2 gerechneten Kurven $U_{en}(t)$ folgende Auswertung möglich sein: Bestimmung des Winkels u_{Sat} des Satelliten bei ungefährer Kenntnis der Satellitenantennencharakteristik; bei Kenntnis der Lage der Satellitenantenne Prüfung ihrer Charakteristik. Die Messungen dürften nur in dem Elevationswinkelbereich ausgewertet werden, für den die Absorption noch keine Rolle spielt ($A^* \ll 1$). Ferner muß vorausgesetzt werden, daß die Bodenantennen, wie hier am Institut geschehen, ausgeflogen werden und statt der vorne berechneten Charakteristiken C_E und Sp die gemessene Charakteristik verwendet wird. Für den hier berechneten steilen Nord-Süd-Durchgang des Satelliten S-66 hätte man sehr gut statt des Produktes $C_E \cdot Sp$ die gemessenen Werte aus Bild 9 bzw. 10 verwenden können, eigentlich sogar müssen. Leider fallen die Schnittebenen, in denen die Antennen ausgeflogen wurden, nur selten in die Bahnebene des Satelliten. Damit man aber die Berechnung von U_{en} für beliebige Satellitendurchgänge durchführen kann, wurden die vorne angegebenen Formeln für C_E und Sp benutzt. Eine Bestimmung von u_{Sat} auf etwa $10°$ genau, bzw. eine Kontrolle der Satellitenantennencharakteristik auf 4 dB genau scheint möglich zu sein.

Wenn man den Fehler genau bestimmen will, der dadurch entsteht, daß man die registrierten Fadingperioden den Faraday-Fadingperioden gleichsetzt, dann muß man von den eben benutzten Modellen abgehen und die wirklichen Registrierungen heranziehen. In dem Elevationswinkelbereich El > $10°$ ist bei unserer Meßanordnung für den S-66 das Produkt $A \cdot C_S \cdot C_E \cdot Sp$ in dem Ausdruck für die Leerlaufspannung U_e - III.56 - immer einige dB größer als der Rauschpegel. In diesem Bereich können also die registrierten Nullstellen nur durch den Term $\cos \beta = 0$ verursacht werden, d.h., β ist $90°$. Löst man die Formel (III.55) für $\cos \beta$ nach u^* auf, dann erhält man

$$\operatorname{tg} u^* = -\operatorname{ctg} \vartheta_E \cos \zeta = -\operatorname{ctg}^2 \vartheta_E \cdot \operatorname{tg}|\alpha| \tag{VI.1}$$

Zu jedem Zeitpunkt t der Minima auf dem Registrierstreifen bestimmt man nun die Koordinaten des Satelliten und berechnet wie vorn für diese Werte die Winkel α, α_o, α^*, El und γ_S. Man löst nun Gleichung (III.50) nach Ω auf. Für den einfachen Fall eines gravitationsstabilisierten Satelliten wurde dies schon durchgeführt [16].

$$\Omega = \operatorname{arctg}\left[\operatorname{tg}(u_{Sat} - \alpha^*)\sin|\gamma_S|\right] - \operatorname{arctg}\left(\frac{\operatorname{tg}(u^* - \alpha)}{\sin El}\right) \tag{VI.2}$$

In dem Zeitintervall $t_2 - t_1$ hat sich β um $180°$ gedreht, z.B. von $90°$ auf $270°$. Ω hat sich während dieser Zeit im allgemeinen nicht um $180°$ gedreht. Nur wenn ϑ_E sowohl zur Zeit t_1 als auch zur Zeit t_2 etwa $90°$ ist, dann erhält man aus (VI.1) $u^* = 0$ und damit die Aussage, daß auch Ω um $180°$ gedreht hat.

Für $\cos \beta = 1$ erhält man den Wert $u^* = 90°$, was auch rein anschaulich zu verstehen ist. Diese Beziehung liefert jedoch keinerlei Information, da in der Gleichung (III.56) für U_e jetzt noch das Produkt $A \cdot C_S \cdot C_E \cdot Sp$ das Aussehen und die zeitliche Lage des Maximalwertes $U_{e\,max}$ mitbestimmt.

2. Schlußbemerkung

Wertet man die Amplitudenregistrierungen über das gesamte Beobachtungsintervall aus - von Horizont zu Horizont -, dann kann man bei höchstens 10 % aller Durchgänge die Gültigkeit einfacher Ionosphären- oder Atmosphärenmodelle zugrunde legen. Selbst wenn man nur für das Zeitintervall auswertet, in dem der optische Elevationswinkel des Satelliten größer als $45°$ war, steigt der Prozentsatz von 10 nur auf 25 an. Bei einfachen Modellen wird das Auftreten von konstanten Gradienten noch zugelassen. Bei knapp 30 % der Registrierungen muß bei der Auswertung wellenoptisch statt strahlenoptisch gerechnet werden. In der Satellitengeodäsie und bei der Satellitennavigation, wo mit einfachen Ionosphären- und Atmosphärenmodellen gerechnet wird, muß man also relativ oft darauf gefaßt sein, daß die reale Atmosphäre entsprechende Ungenauigkeiten verursacht.

Diese Arbeit wurde mit Mitteln des Herrn Bundesminister für Wissenschaftliche Forschung gefördert.

3. Bilder der 8 Kurven $U_{en}(t)$

Diese Bilder erscheinen auf den nächsten 4 Seiten.

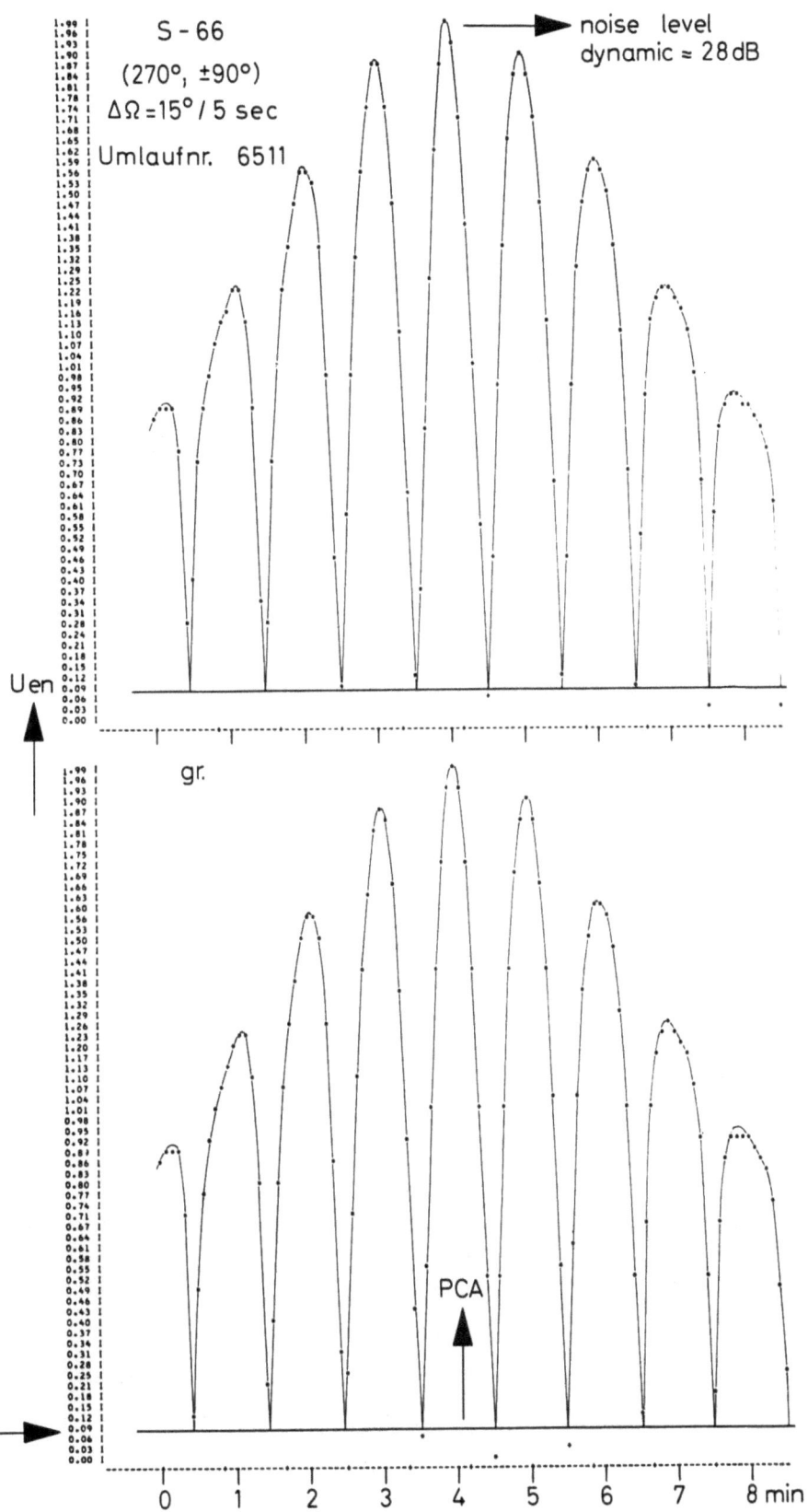

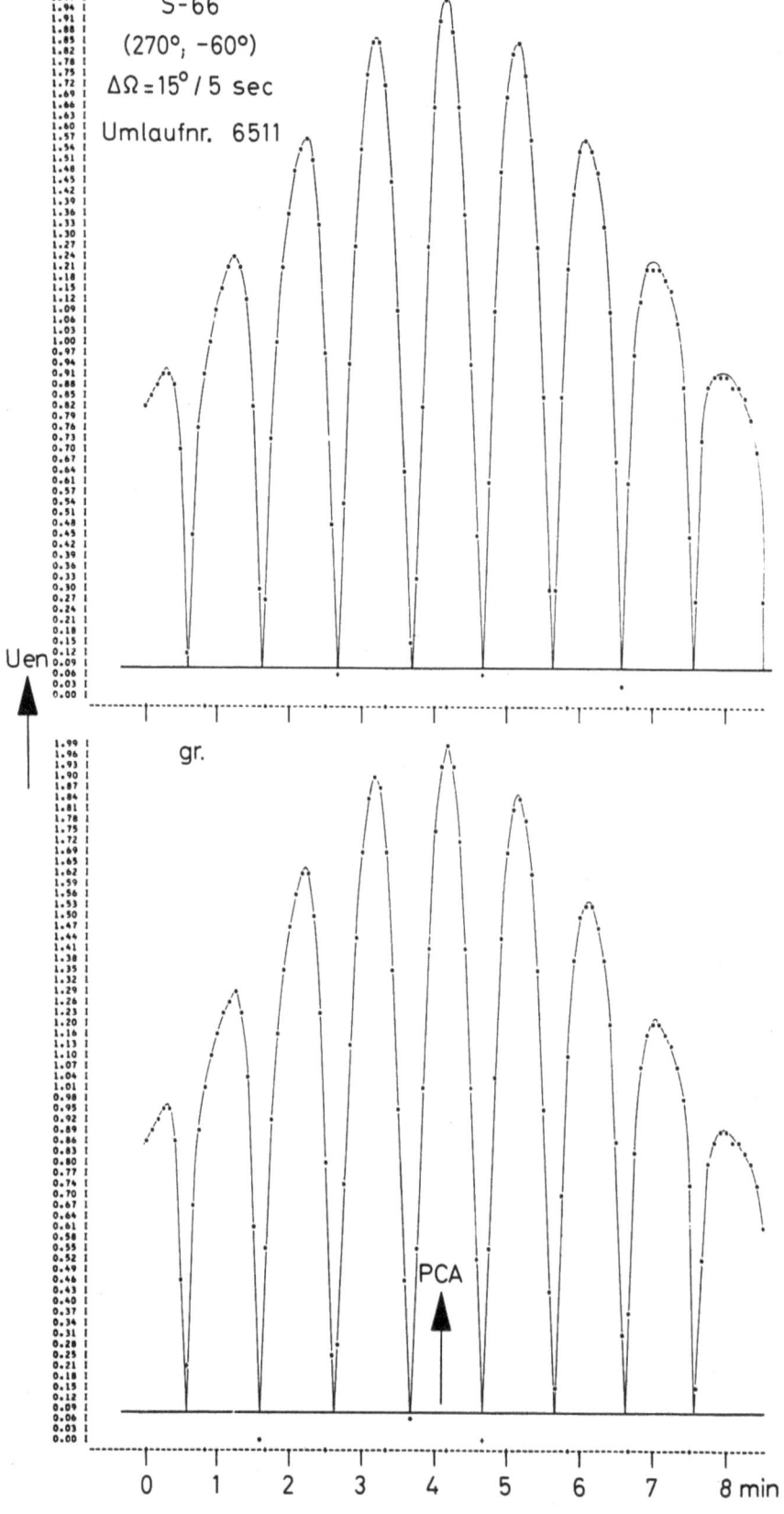

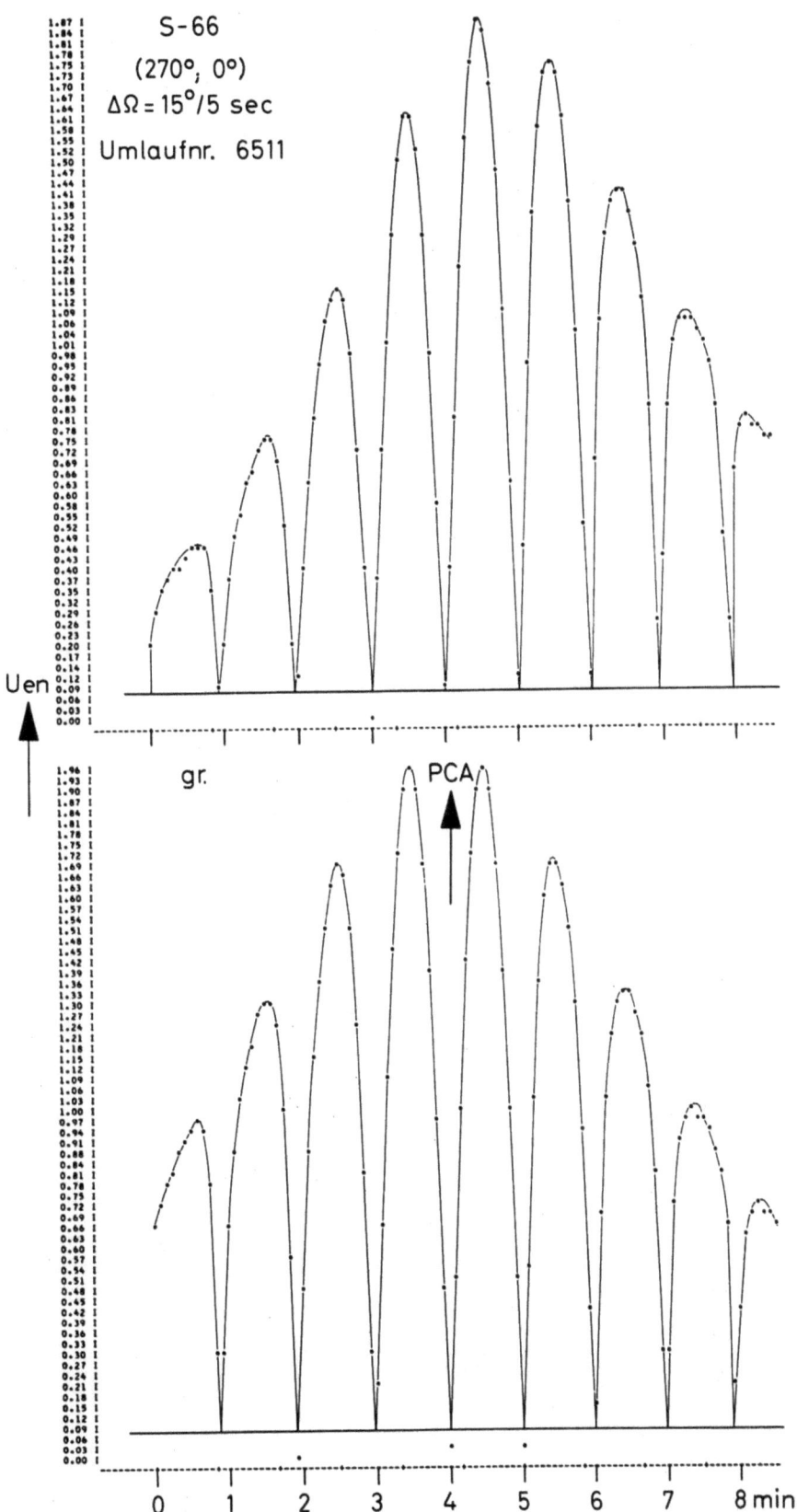

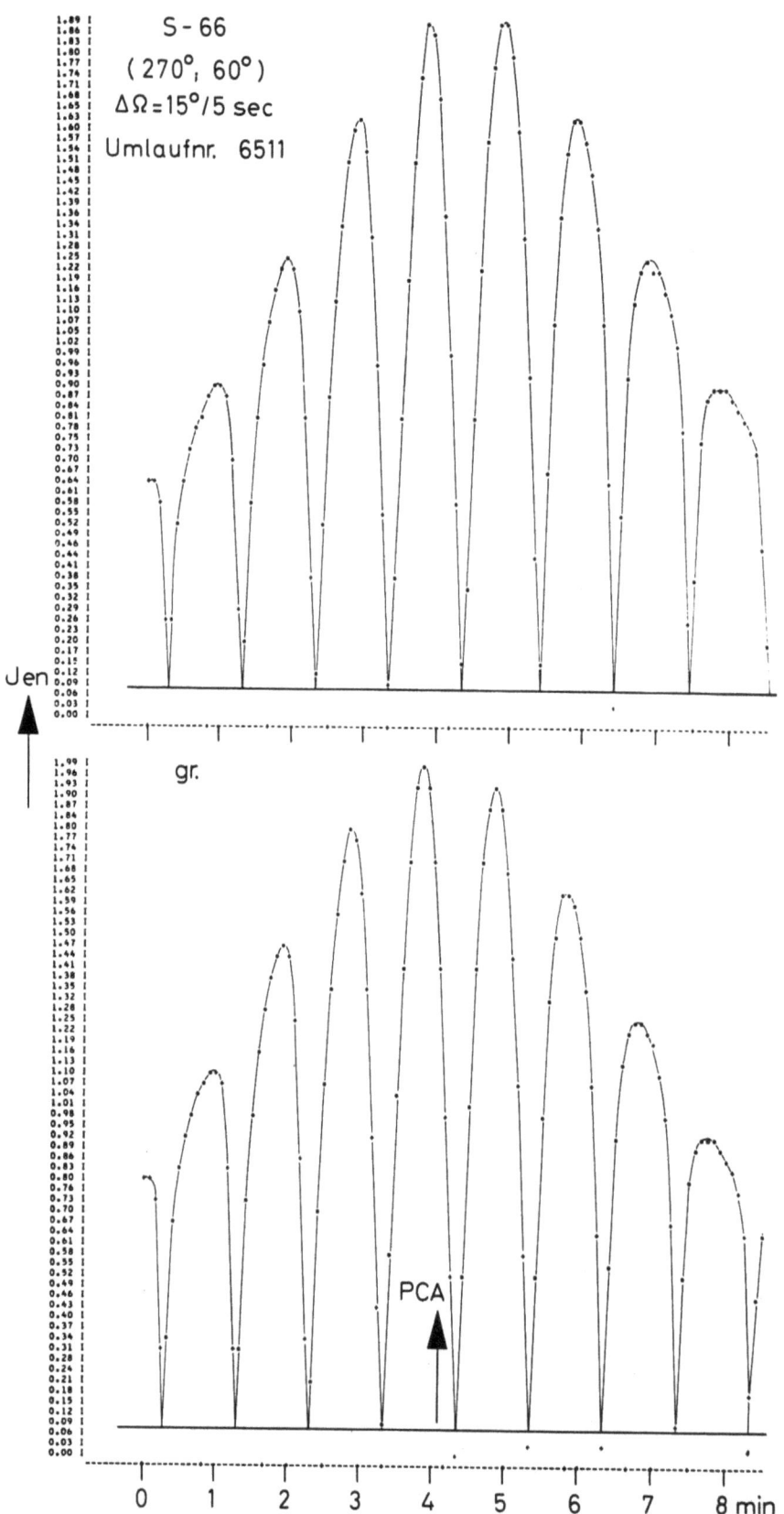

Summary

Interpretation of amplitude-recordings of the satellite Explorer 22, taking into account effects which occur on elevation angles below 45°.

By evaluating nearly 3000 amplitude recordings the author tries to find out the physical meaning of such measurements. From November 1964 to November 1966 recordings of up to 4 passages of the satellite were taken during the day. The frequencies 20 MHz, 40 MHz, and 136 MHz were used.

Duration, strength and frequency of horizontal gradients of the ionospheric electrocontent are investigated and compared with other data. Duration, strength, frequency, time, and direction of occurence of satellite scintillations are analysed and compared with other data. Some amplitude phenomena are discussed. Mentioned are absorption-phenomena, interference between rf. signals of Explorer 22 and Explorer 27, and the "aeroplaneeffect" (multipath propagation).

Finally a diffraction phenomenon is discussed, the author calls it "satellite coming" or "satellite departure effect" which is probably caused by the troposphere. If there do not exist additional measurements besides these amplitude recordings it only is possible to give a phenomenological interpretation of the data apart from the determination of the electron content $\int Ndh$ from Faraday-effect and Differential-Doppler-effect. In any case the results demonstrate that often used models of the ionosphere and the troposphere for purposes of satellite-tracking and satellite-geodesy are not always useful.

Data from other observing stations, e.g. data from a radiosonde gave a possibility to find a plausible hypothesis to explain some of the observed effects.

Very detailed derivations of the used formulas are given.

Zusammenfassung

Es soll der Versuch unternommen werden, mit Hilfe von etwa 3000 ausgewerteten Amplitudenregistrierungen des Satelliten S-66 den physikalischen Aussagewert solcher Registrierungen aufzuzeigen. Von November 1964 bis November 1966 wurden pro Tag im Mittel bis zu 4 Durchgängen des Satelliten registriert. Die Meßfrequenzen waren 20 MHz, 40 MHz, 41 MHz und 136 MHz.

Dauer und Stärke von Horizontalgradienten in der Ionosphäre sowie Häufigkeit ihres Auftretens wurden untersucht und Vergleiche mit anderen Meßdaten durchgeführt. Dauer und Stärke von Satellitenszintillationen sowie Häufigkeit, Zeit und Richtung ihres Auftretens wurden untersucht und Vergleiche mit anderen Meßdaten durchgeführt. Sogenannte "Amplitudeneffekte" werden diskutiert. Es handelt sich dabei um Absorptionsphänomene, Interferenzen zwischen Signalen des Explorer 22 und Explorer 27 und um den Flugzeugeffekt. Als letztes wurden Beugungsphänomene untersucht, sogenannte "Auf- und Untergangseffekte", die mit ziemlicher Wahrscheinlichkeit troposphärischen Ursprungs sind und bei etwa 6 % aller Registrierungen auftreten.

Hat man außer diesen Amplitudenregistrierungen keine weiteren Meßdaten zur Verfügung, so kann man - abgesehen von der Bestimmung der "Elektronenkonzentration" $\int Ndh$ - mit den Ergebnissen der anderen Auswertemethoden kaum mehr als Phänomenologie betreiben. Das reicht allerdings schon aus, um nachzuweisen, daß die in der Satellitengeodäsie und Satellitenortung verwendeten Atmosphären- und Ionosphärenmodelle öfters unzutreffend sind.

In Verbindung mit anderen Meßdaten und durch Meßwerte von anderen Beobachtungsstationen, z.B. von meteorologischen Radiosonden, war es möglich, für einen Teil der beobachteten Effekte plausible Hypothesen zu finden.

Ausführliche theoretische Ableitungen für die notwendigen Formeln werden gebracht.

Verzeichnis der Mitteilungen aus dem Max-Planck-Institut für Physik der Stratosphäre

Nr. 1/1953 Über den Beitrag der von μ-Mesonen angestoßenen Elektronen zu den Ultrastrahlungsschauern unter Blei. G. Pfotzer

Nr. 2/1954 Ein Zählrohrkoinzidenzgerät zur Registrierung der kosmischen Ultrastrahlung. A. Ehmert

Eine einfache Methode zur Einstellung und Fixierung des Expansionsverhältnisses von Nebelkammern. G. Pfotzer

Nr. 3/1954 Optische Interferenzen an dünnen, bei -190°C kondensierten Eisschichten. Erich Regener (vergriffen)

Nr. 4/1955 Über die Messung der Temperatur des atmosphärischen Ozons mit Hilfe der Huggins-Banden. H. Zschörner und H. K. Paetzold

Nr. 5/1956 Ein neuer Ausbruch solarer Ultrastrahlung am 23. Februar 1956. A. Ehmert und G. Pfotzer, vergriffen (erschienen Z. Naturforschung 11a, 322, 1956)

Nr. 6/1956 Das Abklingen der solaren Ultrastrahlung beim Ausbruch am 23. Februar 1956 und die geomagnetischen Einfallsbedingungen. A. Ehmert und G. Pfotzer

Nr. 7/1956 Die Impulsverteilung der solaren Ultrastrahlung in der Abklingphase des Strahlungseinbruches am 23. Februar 1956. G. Pfotzer

Nr. 8/1956 Die atmosphärischen Störungen und ihre Anwendung zur Untersuchung der unteren Ionosphäre. K. Revellio

Nr. 9/1956 Solare Ultrastrahlung als Sonde für das Magnetfeld der Erde in großer Entfernung. G. Pfotzer

*

Die vorstehenden Hefte können beim Max-Planck-Institut für Aeronomie, 3411 Lindau angefordert werden.

Mitteilungen aus dem Max-Planck-Institut für Aeronomie

Nr. 1 (S) Waibel: Messungen von Primärteilchen der kosmischen Strahlung.

Nr. 2 (S) Erbe: Auswirkung der Variationen der primären kosmischen Strahlung auf die Mesonen- und Nukleonenkomponente am Erdboden.

Nr. 3 (I) Kohl: Bewegung der F-Schicht der Ionosphäre bei erdmagnetischen Bai-Störungen.

Nr. 4 (I) Becker: Tables of ordinary and extraordinary refractive indices, group refractive indices and $h'_{o,x}(f)$-curves or standard ionospheric layer models.

Nr. 5 (S) Schröpl: Über eine Neubestimmung des Absorptionskoeffizienten von Ozon im Ultraviolett bei kleinen Konzentrationen.

Nr. 6 (S) Erbe: Ergebnisse der Ballonaufstiege zur Messung der kosmischen Strahlung in Weissenau und Lindau.

Nr. 7 (S) Meyer: Elektromagnetische Induktion eines vertikalen magnetischen Dipols über einem leitenden homogenen Halbraum.

Nr. 8 (I u. S) Dieminger und Mitarb.: Die geophysikalischen Ereignisse des 12. - 14. November 1960.

Nr. 9 (S) Pfotzer, Ehmert, and Keppler: Time Pattern of Ionizing Radiation in Balloon Altitudes in High Latitudes.
Part A, Text; Part B, Figures and Diagrams.

Nr. 10 (S) Waibel: Eine Ballonsonde zur Messung von Röntgenstrahlung und solarer Ultrastrahlung.

Nr. 11 (S) Voelker: Zur Breitenabhängigkeit erdmagnetischer Pulsationen.

Nr. 12 (S) Jaeschke: Registrierung von Pulsationen im südlichen Niedersachsen als Beitrag zur erdmagnetischen Tiefensondierung.

Nr. 13 (S) Meyer: Elektromagnetische Induktion in einem leitenden homogenen Zylinder durch äußere magnetische und elektrische Wechselfelder.

Nr. 14 (S) Kremser: Über den Zusammenhang zwischen Röntgenstrahlungs-Ausbrüchen in der Polarlichtzone und bayartigen erdmagnetischen Störungen.

Nr. 15 (S) Keppler: Messung von Röntgenstrahlung und solaren Protonen mit Ballongeräten in der Nordlichtzone.

Nr. 16 (S) Kirsch: Die Anisotropien der kosmischen Strahlung.

Nr. 17 (S) Guilino: Ausbau eines Wechsellichtmonochromators und seine Anwendung zur Messung des Luftleuchtens während der Dämmerung und in der Nacht.

Nr. 18 (S) Pfotzer and Ehmert: Measurements of High Energetic Auroral Radiations with Balloon-Borne Detectors in 1962 and 1963
Part A to C, Text; Part D, Figures and Diagrams.

Nr. 19 (I) Hartmann: Bestimmung wichtiger Satellitenpositionen mit Hilfe graphischer Darstellungen.

Nr. 20 (S) Keppler: Über die Eigenschaften von Zählrohren und Ionisationskammern in verschiedenartigen Strahlungsfeldern. - Zur Interpretation von Röntgenstrahlungsmessungen in Ballonhöhe in der Nordlichtzone.

Nr. 21 (S) Siebert: Zur Theorie erdmagnetischer Pulsationen mit breitenabhängigen Perioden.

Nr. 22 (S) Meyer: Zur 27 täglichen Wiederholungsneigung der erdmagnetischen Aktivität, erschlossen aus den täglichen Charakterzahlen C 8 von 1884-1964.

Nr. 23 (S) Frisius: Über die Bestimmung von Längstwellen - Ausbreitungsparametern aus Feldstärkemessungen am Erdboden.

Nr. 24 (I) Ma: Einfluß der erdmagnetischen Unruhe auf den brauchbaren Frequenzbereich im Kurzwellen-Weitverkehr am Rande der Nordlichtzone.

Nr. 25 (S) Kremser, Keppler, Bewersdorff, Saeger, Ehmert, Pfotzer, Riedler, Legrand: X - Ray Measurements in the Auroral Zone from July to October 1964.

Nr. 26 (I) Stubbe: Theoretische Beschreibung des Verhaltens der nächtlichen F - Schicht.

Nr. 27 (S) Wilhelm: Registrierung und Analyse erdmagnetischer Pulsationen der Polarlichtzone, sowie ein Vergleich mit Bremsstrahlungsmessungen.

Nr. 28 (S) Fabian: Über eine neue Ozonradiosonde und Untersuchung von Lufttransporten in der unteren Stratosphäre.

Nr. 29 (S) Specht: Über die Absorptions- und Emissionsstrahlung der atmosphärischen Ozonschicht bei der Wellenlänge 9,6 μ.

Nr. 30 (I) Rose und Widdel: Ein Meßgerät zur Bestimmung der Strömungsgeschwindigkeit in kurzen Rohren (Ionenzählern) bei niedrigem Gasdruck.

If you have any concerns about our products,
you can contact us on
ProductSafety@springernature.com

In case Publisher is established outside the EU,
the EU authorized representative is:
Springer Nature Customer Service Center GmbH
Europaplatz 3, 69115 Heidelberg, Germany

Printed by Libri Plureos GmbH
in Hamburg, Germany